南太行习见观赏树木

尤　扬　赵一鹏　主编

U0238908

中国农业出版社

图书在版编目（CIP）数据

南太行习见观赏树木 / 尤扬，赵一鹏主编 . —北京：
中国农业出版社，2016.5
ISBN 978-7-109-21629-7

Ⅰ.①南… Ⅱ.①尤… ②赵… Ⅲ.①太行山－观赏
树木 Ⅳ.①S718.4

中国版本图书馆 CIP 数据核字（2016）第 089182 号

中国农业出版社出版
（北京市朝阳区麦子店街 18 号楼）
（邮政编码 100125）
责任编辑 王玉英
————————
中国农业出版社印刷厂印刷 新华书店北京发行所发行
2016 年 5 月第 1 版 2016 年 5 月北京第 1 次印刷
————————
开本：850mm×1168mm 1/32 印张：5.125 插页：2
字数：180 千字
定价：35.00 元
（凡本版图书出现印刷、装订错误，请向出版社发行部调换）

编写人员

主编　尤　扬　赵一鹏
编者　尤　扬　赵一鹏　张晓云

前　言

近年来，随着国内旅游热潮的兴起，八百里茫茫太行山不仅是红色教育的基地，也日渐成为国内的旅游热点之一。尤其是巍峨险峻的南太行之风光旖旎的湖光山色、千仞绝壁长廊、丹青如画的峻峰、悬垂百丈的银帘瀑布、依身探海的奇树、直入云霄的怪石、五彩斑斓的花海，无不令游人流连忘返、叹为观止。

那山、那水、那景，无不吸引着来自世界各地游客。

游人在醉心于南太行山水美景之时，身边众多不知名的观赏树木或花、或果、或形、或枝无疑是南太行美景的组成部分。寄情山水间识别一些入门级的观赏树木，对于普及科学知识、提高人们的文化修养、促进人们的身心健康大有裨益。

南太行株株绿色的树木，不必名贵、不必奢华，却尽显生命的风姿、斑斓的色彩、浓郁的馥芬，让眼睛拥有美丽的惬意，让心情独享观赏树木的温馨与浪漫。

为了普及观赏树木识别的科学知识，满足广大游客识别观赏树木的需要，编写人员结合多年的教学、生产实践经验，并参考其他著作中的精华部分编写了本书。

本书图文并茂，浅显易懂，以入门级的视角介绍了南太行山区常见的观赏树木的形态特征与分类、生长习性、繁殖栽培及应用，以飨读者。

本书在编写过程中，限于篇幅，部分文献并未标出，在此谨向作者致谢。在成书过程中，得益于环境保护部子课题"珍惜植物资源开发"项目（项目编号：10403005）经费的资助，使得本书顺利出版，在此一并致谢。由于作者水平所限，书中错漏之处，敬请读者指正。

编　者

2016 年 1 月

目　　录

第一章　南太行概况

太行山（北纬 34°34′—40°43′、东经 110°14′—114°33′），又名五行山、王母山、女娲山，是我国中东部地区重要山脉和地理分界线之一。坐落于山西省与华北平原之间，由北及南纵跨北京、河北、山西、河南 4 省（直辖市），山脉北起北京西山，向南延伸到河南、山西两省交界地区的王屋山，西到山西高地，东毗邻华北平原，呈东北至西南走向，绵延 400 余千米。

太行山由多种岩石结构组成，呈现不同的地貌特征，海拔多在 1 200 米以上，是许多河流的发源或流经地，其地势北高而南低，并储藏有丰富的煤炭资源如山西境内。太行山是中国地势二三阶梯的分界线之一，也是黄土高原和华北平原的重要分界线。

据国家地理介绍，太行山分为西太行、北太行和南太行三个部分。其中西太行主要在山西境内，连接着黄土高原，植被稀少；北太行主要在河北境内，植被相对比较完善，偶有森林峡谷；南太行主要集中在河南境内，并将河南和山西两省天然分隔开来。南太行森林、峡谷遍布，沟壑纵横，湖光山色风光旖旎，是整个太行山景致的精华部分。

一、南太行自然状况

（一）位置与气候

南太行位于河南省北部北纬 34°48′—36°22′，东经 112°02′—114°45′的范围，主要包括新乡的辉县、焦作的济源、修武、沁阳、安阳的林州等县（市）部分地区及山西南部部分地区，属太行山系南麓，山脉为东北至西南走向。该区地处暖湿针阔叶混交林带，属暖温带半湿润大陆性季风气候，海拔为 600～1 955 米。年均气温 12.7℃，极端最低气温 −23.6℃，极端最高气温 43.4℃。年均降水量 606.4 毫米，无霜期 200 天左右。

从气候特征上看，南太行属暖温带半湿润大陆性季风气候，全年冬季无严寒，夏季南太行大峡谷凉爽无酷暑，雨热同季，四季分明，冬长夏短。南太行年日照时数将近 2 500 小时，平均每个月的日照时数在 200 小时左右。

（二）南太行山区观赏树木特点

南太行山区地质古老久远，山峰绵延起伏多变，绝壁林立，沟壑纵横，地形多样，区内河流密布。植物区系成分复杂，是亚热带与暖温带的过渡区，兼有华北、西北、东北、西南植物区系交汇的特点，具有植被类型和物种多样性及植物资源丰富性等特点。

1. 资源丰富，种类多样 据姚连芳（1994）研究，河南太行山区野生观赏植物资源有 80 科、250 种，其中观赏价值较高并能很快应用于园林建设的有 28 科、105 种。据王少平（2000）研究，木犀科野生树木资源有 17 种、1 个变种，隶属于 7 属。据宋朝枢（1996）研究，南太行山猕猴自然保护区就有高等植物 197 科、785 属、1 760 种、7 亚种、140 个变种及 4 个栽培变种，其中，苔藓植物有 34 科、51 属、76 种；蕨类植物有 20 科、41 属、87 个种和 5 个变种；裸子植物有 4 科、7 属、12 种和 5 个变种；被子植物有 139 科、685 属、1 584 种、7 亚种和 134 个变种及 4 个栽培变种，新纪录 24 种。

南太行山区的野生花卉种类繁多，分布广泛，花形奇特，色彩艳丽。草本植物有太行花、河南杜鹃、狼毒等；木本植物有野牡丹、连翘、太行榆、山白树、连香树、异叶榕、领春木、南方红豆杉、青檀、接骨木、河南忍冬等。其中，珍稀植物达到 400

余种，如我国特有种属植物有太行花、太行菊、独根草、银杏、红豆杉等；其中被列为国家2级保护植物有连香树、青檀、山白树、太行花等；被列为国家3级保护植物有核桃楸、矮牡丹、紫斑牡丹、领春木、猬实、刺五加、紫茎等；被列为河南重点保护植物有金莲花、白皮松、青檀、山白树、矮牡丹等。

2. 生境多样　受断层影响，南太行山势陡峻、沟深崖高、地形复杂、气候多变、植物生长环境多样。有四季流水不绝的大峡谷；悬垂百米的瀑布；寸草不生的山颠；势如立刀的悬崖绝壁；坦荡如砥的山中平原。在400～1 600米不同海拔高度均有野生观赏植物分布，如"活化石"银杏生长在海拔800～1 100米的阔叶林和山谷中；红豆杉分布在海拔800～1 100米的绝壁山沟、石缝或山间杂木林中，济源的黑龙沟有零星小群落分布；连香树则分布于海拔1 000～1 600米的阳性或半阳性坡林，鳌背山海拔1 700米处的成片树林，其伴生观赏树种主要有水青冈、金钱槭等；山白树多生于避风、空气潮湿的山沟或林缘，分布于海拔1 100～1 600米处，济源黄楝树林场的黑龙沟有零星分布，主要伴生观赏植物有四照花、忍冬等；领春木、太行榆等常分布于海拔1 100～1 600米的山坡和谷地中；青檀常见于海拔500米以上的山谷中；太行花生于海拔1 000米左右的阴坡、灌丛下或悬崖峭壁中；矮牡丹生长在海拔1 100米的山坡、次生林下；白皮松则多生于海拔800～1 800米的山坡或山脊杂林中，形成散生片状林。

3. 用途广泛　南太行山区野生花卉资源十分丰富，观赏价值较高。观花植物有连翘、野牡丹、杏树、太行花等；观叶植物有槭树类、黄栌、银杏等；观树姿植物有连香树、山白树、红豆杉、青檀等；作为树桩盆景树种有黄荆、榔榆、太行榆、黄栌等，其树木造型别致、千奇百怪、姿态万千。草本植物、灌木、乔木均可作为城市园林绿化植物，应用于园林布景中，起到美化环境，改善人类居住环境的作用。南太行山区野生花卉除具有较高的观赏价值外，部分花卉还具有重要的药用和科研价值。如连翘、菊花、金银花等为常用药材；部分野生观赏树木还具有极高的科研价值，如连香树为第3纪孑遗植物，对研究第3纪植物区系起源及我国与日本植物区系的关系，有着十分重要的科研价值。太行花的单性结实可为研究雄性不育控制提供良好素材，更为重要的是野生花卉具有较多抗性基因，可为花卉品种的改良提供材料。

二、南太行旅游景区简介

（一）云台山风景区

云台山风景区，位于河南省修武县境内，是河南省唯一一个集国家重点风景名胜区、国家 AAAAA 级景区、国家森林公园、国家水利风景名胜区、国家文明风景旅游区、国家猕猴自然保护区七个国家级荣誉称号于一体的风景名胜区。景区有亚洲落差最大的云台瀑布，以及泉瀑峡、青龙峡、峰林峡、潭瀑峡等十一大景点，是全球首批世界级地质公园。

云台山满山覆盖的原始森林，深邃幽静的沟谷溪潭，千姿百态的飞瀑流泉，如诗如画的奇峰异石成就了云台山独特完美的自然景观。汉献帝的避暑台和陵基、魏晋"竹林七贤"的隐居故里、唐代药王孙思邈的采药炼丹遗迹、唐代大诗人王维写出"每逢佳节倍思亲"千古绝唱的茱萸峰以及众多文人骚客的碑刻，构成了云台山丰富深蕴的文化内涵。

云台山以山称奇，整个景区奇峰秀岭连绵不绝，主峰茱萸峰海拔 1 304 米，踏千阶的云梯栈道登上茱萸峰顶：北望太行，巍巍群山层峦叠嶂；南眺怀庆，沃野千里田园似棋，黄河如带，不禁使人心旷神怡，领略到杜甫"会当凌绝顶，一览众山小"的绝妙意境。

云台山以水为绝，素以"三步一泉，五步一瀑，十步一潭"

而著称中外。落差达 314 米的全国最高大瀑布——云台天瀑，犹如银帘悬垂于天际，蔚为壮观。白龙潭、天门瀑、黄龙瀑、丫字瀑皆飞流直下，形成了云台山独有的高山瀑布景观。多孔泉、王烈泉、珍珠泉、明月泉清冽甘甜，让人流连忘返。青龙峡景点素有"中原第一峡谷"美誉，这里气候独特，水源丰富，植被原始而且完整，是人们生态旅游的绝好去处。

（二）王屋山风景区

王屋山因愚公移山的故事因而晓谕中外。王屋山风景区位于河南省西北部的济源市，东依太行，西接中条，北连太岳，南临黄河，是中国九大古代名山之一，也是道教十大洞天之首，道教主流派别全真派之圣地。王屋山是国家 AAAA 级风景区，于2006 年申请为世界地质公园，总面积 265 平方千米，分 7 个景区，125 个景点。主峰天坛山海拔 1 715 米，是中华民族祖先轩辕黄帝设坛祭天之所，世称"太行之脊"、"擎天地柱"。

王屋山由于受地形和季风的影响，春季温暖而多风，夏季炎热而多雨，秋季天高气爽，冬季干冷少雪。王屋山年平均气温平原地区 14.4℃，浅山丘陵地区 13.2～14.3℃，北、西部太行及王屋山区低于 10℃。

王屋山森林覆盖率达 98％以上，珍稀动植物繁多，具有很高的观赏和研究价值。王屋山森林保存较好，中部山区存有小片原始森林。山区野生动植物资源丰富，有金钱槭、青檀、太行花、太行菊等珍贵植物种和猕猴、豹、麝等珍稀动物。

（三）万仙山风景区

万仙山为国内知名的休闲胜地，也是旅游、影视、避暑、写生基地。位于河南省辉县市西北部太行山腹地，距郑州市 150 千米，距新乡市 70 千米，总面积 64 平方千米，最高海拔为 1 672米，这里层峦叠嶂、群峰竞秀、飞瀑流泉、沟壑纵横。既有苍茫而雄奇的石壁景观，又有秀雅而妙曼的山乡风韵，集雄、奇、壮、幽、峻、险为一体。

整个景区由中华影视村——郭亮、清幽山乡——南坪、人间仙境——罗姐寨、佛教圣地——三湖4个分景区组成。于1990年被确定为"省级风景名胜区"，2003年被评审为省级地质公园。2005年被评审为国家级地质公园，国家AAAA级旅游景区。

郭亮以山岭的秀美，石舍的独特而闻名，更以其周边旖旎的自然风光吸引着游客。郭亮洞，长1 200米，洞顶是嶙峋的怪石，开凿时留下的支撑廊顶的天然石柱，成了洞中的"照明窗口"，日本友人赞誉为"世界第八奇迹"。郭亮周围有很多溶洞，诸如红龙洞、白龙洞、黄龙洞，洞内倒悬的钟乳石千姿百态，辅以现代的灯光，形神各异，发人遐思，引人入胜，令人叹为观止。雄、壮、险、奇、古、秀为郭亮山水的特点；整个郭亮景区奇石名木、灵动猕猴、谷幽崖高、吐丹枫叶，令人流连忘返。

著名导演谢晋称郭亮为"太行明珠"，著名画家张仃称郭亮"华夏奇观"。先后有《清凉寺钟声》、《走出地平线》、《倒霉大叔的婚事》、《战争角落》、《举起手来》、《天高地厚》等40余部影视片在此拍摄。国内100多所艺术院校和30多个摄影协会把郭亮定为写生、采风基地。

郭亮地处太行深处，四季景色宜人，特别是金秋时节，满山遍野枫叶绯红，碧绿的山野夹带着一片片金黄，是旅游的大好时节。

（四）红旗渠风景区

红旗渠风景区位于河南林州市北部的河南、山西、河北三省交界处，处于安阳、新乡、鹤壁、长治、邯郸五个地区的中心地带，距林州市区20千米。国家AAAA级景区。红旗渠风景区是由红旗渠分水苑和青年洞景区组成，主要有红旗渠纪念馆、分水闸、螺丝潭瀑布。

红旗渠是 20 世纪 60 年代，林县（今河南林州市）人民在极其艰难的条件下，从太行山腰修建的引漳入林工程，被人称之为"人工天河"。1960 年 2 月动工，至 1969 年 7 月支渠配套工程全面完成，历时近 10 年。该工程共削平了 1 250 座山头，构架 151 座渡槽，凿通 211 个隧洞，修建各种建筑物达 12 408 座，挖砌土石达 2 225 万立方米，红旗渠总干渠全长 70.6 千米（山西石城镇至河南任村镇），干渠支渠分布全市各乡镇。

红旗渠风景区被称为"中国水长城"，在国际上被赞誉为"世界第八大奇迹"。1996 年 9 月，被国家六部委联合命名为"全国中小学爱国主义教育基地"；1997 年，被中宣部授予"全国爱国主义教育示范基地"称号；2009 年，被国土资源局授予"国家地质公园"称号。

红旗渠风景区是暖温带半大陆性季风气候，四季分明，光照充足。春温暖多风，夏炎热多雨，秋湿润高爽，冬寒冷多雪。年平均气温 14.5℃，极端最高气温 42.3℃，最低气温－15.5℃。一年中 7 月份最热，平均气温达 31.9℃；元月份最冷，平均气温达－2℃。多年平均降水量 664.9 毫米，降水量年际相差悬殊，年内分配不均，主要集中在 6、7、8、9 这 4 个月。

（五）河南太行山猕猴国家级自然保护区

河南太行山猕猴国家级自然保护区位于河南省北部焦作的济源、修武、沁阳和新乡的辉县四县（市）境内，地理坐标为北纬 34°54′—35°16′，东经 112°02′—112°52′。河南太行山猕猴国家级自然保护区总面积达 56 600 公顷。

河南太行山猕猴国家级自然保护区是我国华北地区面积最大的野生动物类型自然保护区。尤其是太行猕猴是已知世界猕猴类群分布的最北线，具有极高的科研和医学价值。该保护区具有原始古老的自然性、南北过渡带的典型性、复杂的生物多样性等特点。

河南太行山猕猴国家级自然保护区坐落于暖温带的南沿，南北植物种类兼容并存，多样性丰富。保护区地质结构复杂，物种资源丰富，区系成分复杂，森林覆盖率高。除了一部分为原始植被外，大多为次生林。古老的地质地貌构造、茂密繁盛的森林植被及动物的天然乐园，共同造就了丰富的旅游资源。

本区地处太行山南麓，生物资源较为丰富繁茂，具有较明显的植被垂直带谱，森林覆盖率高达70%，多为天然次生杂木林，是我国暖温带生物多样性优先保护的区域之一。据初步调查统计，河南太行山猕猴国家级自然保护区内有维管植物166科、704属、1 836种，其中蕨类植物23科、47属、93种；裸子植物36科、3属、6种；被子植物130科、624属、1 558种；列入国家重点保护的植物有连香树、山白树、太行花、领春木等14种。脊椎动物近300种，其中哺乳类40多种、鸟类167种、两栖类8种、爬行类19种，列入国家重点保护的野生动物有金雕、金钱豹、白鹤、黑鹤等30余种。

本区与山西太行山保护区紧邻，均是当今世界猕猴分布的最北线，主要保护的对象太行猕猴现有20余群2 000多只，是目前我国猕猴数量最多、面积最大的猕猴保护区，具有十分重要的保护价值和科研价值。

(六) 关山风景区

关山风景区位于新乡市辉县境内隶属于南太行山脉，2005年被评为国家级地质公园，总面积169平方千米。关山风景区位于南太行的弧形转折端，因为此处有"一夫当关，万夫莫开"楔状险要关隘，被称为太行八陉之三。适夕阳当关、紫霞劲射、辉煌夺目，人称紫霞关。历史上此关一直为兵家必争之要塞，关山由此而得名。

关山风景区包括海拔1 600米的高山，即便在三伏酷暑，这里的最高温度也不过 27℃，而平均温度只有 19℃。景区逍遥苑内的"冷宫"终年凉风习习，外形貌似空调之型，因此有"天然空调"之美誉；红石大峡谷的谷底流水淙淙，红石曼壁，绿藤悬垂，更是清新宜人，关山景区无疑是中原人民休闲避暑的后花园。

关山风景区集南太行秀美水体景观和滑塌峰林这一独特的地质地貌于一体，融飞瀑流泉、石奇崖秀、峡险谷深、清溪幽潭、峰林竞秀、群柱耸峙、云海飞渡于一身，构成完整的风景体系，宛若一幅山水画立体长卷，也是南太行壮美与柔美的典范明证。

"岩重崖叠铭志海陆变迁著太行史卷，山崩水蚀雕塑峰石奇观绘北国画廊"是对河南关山国家地质公园境内独特的地质地貌和高品位的南太行山水旅游资源的高度凝练和概括。

关山风景名胜区，作为河南关山国家地质公园的核心园区，是一座以红石峡、石柱林、一线天为代表，飞瀑流泉、峰林竞秀、云海飞渡为特色的地质地貌型国家地质公园。整个景区分为花山、盘古河、八宝洞三大景区，共有奇石苑、石柱苑、红石苑、醉石苑、水景苑、逍遥苑、仙乐苑等 15 个苑区。

（七）八里沟风景区

八里沟景区位于太行山南麓的深山区，河南省新乡市西北，距新乡市 50 千米，辉县市 25 千米，总面积 42 平方千米。

八里沟风景区处于太行山与华北平原结合部，为北亚热带向暖温带过渡区，属暖温带大陆性季风气候。由于受山脉走向和海拔高度的影响，季风作用较为明显，春季多风少雨，夏季多雨较热，秋季气候凉爽，冬季较冷少雪。八里沟生物资源丰富，森林覆盖率达 90%，年平均气温 12℃，每立方厘米空气中负氧离子超过 5 000 个，有"天然氧吧"之美誉。

八里沟早在远古时期就是共工氏等原始部落的重要活动区域之一。自魏晋以来，这里就已经成为好山乐水者的寻幽探胜之地，文人雅士纷至沓来，或观光、或卜地、或隐居，留下几多韵事佳话。知名的有魏晋时期的竹林七贤；隋唐时期的王通、王勃；宋代大学者邵庸、诗人范成大、陆游；金代诗人元好问；元代画家牛守贞；清代鸿儒孙奇峰等。孙奇峰之孙孙淦所书的《石门山观瀑布》一诗，成为描写八里沟大瀑布的经典之名作。中华民国时期，袁世凯、徐世昌、冯玉祥等历史名人也都曾经来此游览。抗日战争和解放战争时期，太行山区是八路军和解放军革命斗争的重要根据地，众多的革命领袖都对这片山、这方水留下了深刻的印象。

八里沟景区集太行山水之精华，集奇、险、俊、秀、幽于一谷，号称"太行之魂、中华风骨"，兼有泰山之雄、华山之险、九寨、青城之幽、黄山、峨眉之秀。

（八）王莽岭风景区

王莽岭风景区位于山西省陵川县东南部，与河南省辉县市毗邻，西起陵川县古郊乡营盘村，南至锡崖沟村，东邻600米高的悬崖绝壁，至"晋汴咽喉"天柱关与河南省辉县滴水寨俯仰相视，北至古郊乡昆山村与河南省辉县郭亮、南坪风景区为邻。景区面积约150平方千米。

王莽岭因西汉王莽撵刘秀到此地安营扎寨得名。包括王莽岭、挂壁公路、棋子山、锡崖沟等景点。该区属于典型的喀斯特地形，地处黄土高原与中州平原断裂带之最险要处，由错落有致的50多个大小山峰组成，是太行风光的典型代表。最高处海拔1 665米，最低处仅800米。

王莽岭风景旅游区是国家地质公园、国家 AAAA 级景区、国家级全民健身户外活动基地、国家农业旅游示范点和国家精品红色旅游示范点。

第二章　观赏植物分类方法

中国植物资源异常丰富，种类繁多，仅种子植物就有 3 万多种，如果很好地利用它们，首先要对它们进行分门别类，把种鉴别清楚。园林树木的园林建设分类方法多种多样，各国学者、专家之间既有相同之处，又有差异，但都有一个总的原则，那就是有利于园林建设工作。

一、按生长习性分类

（一）乔木类

在原产地树体高大具有明显的主干者称为乔木。依主干高度分：伟乔 31 米以上，大乔 21～30 米、中乔 11～20 米、小乔6～10 米。依生长速度分：速生树、中速树、缓生树。按叶片大小形状分：针叶乔木（为单叶，叶片细小，呈针状、鳞片状或线形、条形、钻形、披针形如松、杉、柏裸子植物等）、阔叶乔木（叶片宽阔，大小差异悬殊，叶形各异，有单叶、有复叶）。按叶片是否脱落可分：常绿类和落叶类，常绿类如香樟、广玉兰、深山含笑、红花木莲、枇杷、杜英、金合欢、棕榈、雪松、柳杉、龙柏等；落叶类如落羽杉、水杉、鹅掌楸、枫杨、枫香、元宝枫、鸡爪槭、杜仲、悬铃木、泡桐、喜树、栾树、榉树、七叶树、乌桕、合欢、银杏等。

（二）灌木类

灌木是指那些没有明显的主干、呈丛生状的树木，一般可分为观花、观果、观枝干等几类，多指矮小而丛生的木本植物。常见落叶灌木类如蜡梅、月季、海棠、紫荆、木槿等。常见常绿灌木类如南天竹、十大功劳、山茶、火棘、金丝桃、夹竹桃、栀子花、金叶女贞、黄杨、海桐等。

（三）藤木类

能缠绕或攀附他物而向上生长的木本植物。依生长特点可分为：绞杀类（如桑科榕属的一些种类）、吸附类（爬山虎、凌霄等）、卷须类（葡萄、蛇葡萄等）、蔓条类（蔷薇）。落叶藤本类：紫藤、葡萄、爬山虎、南蛇藤等。常绿藤本类：常春藤、金银花等。

（四）匍地类

干枝均匍地而生，如铺地柏、沙地柏等。

二、按观赏特性分类

（一）观叶树木

指的是叶色、叶片的形状、大小和着生方式等有独特表现的树木。如银杏、红枫、鹅掌楸、鸡爪槭、枫香、蝴蝶槐等。

（二）观形树木

主要指树冠的形态和姿态有较高观赏价值的树木。如棕竹、苏铁、南洋杉、雪松、圆柏、榕树等。

（三）观花树木

指的是花色、花形、花香等有突出表现的树木。如玉兰、米兰、牡丹、蜡梅、月季等。

（四）观果树木

指的是果实显著、挂果丰满、宿存时间长的一类树木。如南天竹、火棘、金桔、石榴等。

（五）观枝树木

指的是枝干具独特的风姿或奇特的色泽、附属物等的一类树木。如白皮松、龙爪槐、悬铃木、红瑞木、垂柳等。

（六）观根树木

榕树等。

三、按园林用途分类

（一）风景林木类

指多以丛植、群植、林植等方式，配植在建筑物、广场、草地周围，也可用于湖泊、山野来营造风景林或开辟森林公园、建筑疗养院、度假村、乡村花园的一类乔木树种。

风景园林树木应具备的条件：适应性强，耐粗放，栽植成活率高，苗源充足，病虫害少，生长快，寿命长。对区域的环境改善、保护效果显著。

风景园林的观赏特性：风景园林对单株的观赏特性要求不十分严格，主要观赏树木的平面、立面、层次、外形、轮廓、色彩、季相变化等，群体要美。

（二）防护林类

指的是能从空气中吸收有害气体、阻碍尘埃、削弱噪音、防风固沙、保持水土的一类林木。具体可分为：防有毒物质类（苏铁、银杏、无花果、刺槐等）、防尘类（松类、悬铃木等）、防噪音类（以叶片坚硬，呈鳞片状重叠排列密集的常绿树如雪松、圆柏）、防火类（含树脂少，水分多，叶皮厚，枝干木栓层发达，萌芽力强，枝叶稠密，着火不发生烟雾，燃烧蔓延缓慢的树木）、防风类（生长快，生长期长，根系发达，抗倒伏，木质坚硬，枝干柔软）、水土保持类（根系发达、侧根多、耐干旱、耐瘠薄、萌蘖性强、枝叶茂盛、生长快、固土作用大的树种）、其他类（防雾类、防沙类、防浪类、防盐类、防辐射类）。

（三）行道树类

栽植在道路两侧，排列整齐，以遮荫美化为目的的乔木树种。

要求树种树冠整齐，冠幅大，树姿优美，树干下部及根蘖苗少，抗逆性强，对环境保护作用大，根系发达，抗倒伏，生长迅速，寿命长，耐修剪，落叶整齐，无恶臭或其他凋落物污染环境，大苗栽植易成活。

（四）独赏树

以单株方式，栽植树在园林景区中，起主景、局部点缀或遮阴作用的树木。

要求孤散树类表现的主题是个体美。故选择姿态优美、开花配果茂盛、四季常绿、叶色秀丽、抗逆性强的阳性树种。如苏铁、雪松。

（五）垂直绿化类

选择有吸盘、不定根的藤蔓性树种来绿化垂直面。如爬墙虎、蛇葡萄、常春藤等。

（六）绿篱类

以耐密植、耐修剪、养护管理简便、有一定观赏价值的树种。高绿篱一般在 2 米左右，起围墙用；中绿篱高度一般在 1 米左右，起联系与分割作用；矮绿篱一般在 0.5 米左右，多在花坛、水池边缘起装饰用。

（七）造型类及树桩盆景、盆栽类

造型类是指人工整形制成的各种物像单株或绿篱。树桩盆景类是指在盆中再现大自然风貌或表达特定意境的桩景类艺术品。

（八）木本地被类

指的是那些低矮，高度在 50 厘米以下的铺展力强，处于园林绿地底层的一类树木。

其作用主要是避免地面裸露，防止尘土飞扬和水土流失，调节小气候，丰富园林景观。多选择耐阴、耐践踏、适应性强的常绿树种。如铺地柏、厚皮香、地瓜藤等。

四、依对环境因子的适应能力分类

（一）按照热量因子

通常各地园林建设部门为了实际应用，常依据树木的耐寒性而分为耐寒树种、不耐寒树种、半耐寒树种三类。

耐寒树种：大部分原产寒带或温带的园林树木属于此类。该类树木一般可以在－5～10℃的低温下不会发生冻害，甚至在更低的温度下也能安全越冬。因此，该类树木大部分在北方寒冷的冬季不需要保护可以露地安全越冬。如侧柏、白皮松、油松、红松、龙柏、桃花、榆叶梅、紫藤、凌霄、白桦、毛白杨、榆、白蜡、丁香、连翘、金银花等。

半耐寒树种：大部分原产地在温带南缘或亚热带北缘的园林树木属于此类。该类树木耐寒力介于耐寒树种和不耐寒树种之间，一般可以忍受轻微的霜冻，在－5℃以上的低温条件下能露地安全越冬而不发生冻害。该类树木有：香樟、广玉兰、鸡爪槭、梅花、桂花、夹竹桃、结香、木槿、冬青、南天竹、枸骨等。

不耐寒树种：该类树木一般原产于热带和亚热带的南缘，在生长期要求温度较高，不能忍受 0℃ 以下的低温，甚至 5℃ 以下或者更高的温度。因此，该类园林树木在我国北方必须在温室中越冬，根据温度要求不同又可以分为：

低温温室园林树木：要求室温高于 0℃，最好不低于 5℃。如桃叶珊瑚、山茶、杜鹃、含笑、柑橘、苏铁等。

中温温室园林树木：要求室温不低于 5℃。如扶桑、橡皮树、棕竹、白兰花、五色梅、一品红等。

高温温室园林树木：要求室温高于 10℃，低于该温度则生长发育不良，甚至落叶死亡。如变叶木、龙血树、朱蕉等。

（二）按照水分因子

通常可以分为耐旱树种、中性树种、湿生树种三种类型。

耐旱树种：能长期忍受大气干旱和土壤干旱，并能维持正常的生长发育的树种称为耐旱树种。如马尾松、侧柏、圆柏、栓皮栎、柽柳等。该类树种的原生质具有忍受严重失水的适应能力，在面临大气干旱时或保持从土壤中吸收水分的能力，或及时关闭气孔减少蒸腾面积以减少水分的损耗；或体内贮存水分和提高输水能力以渡过逆境。因此，耐旱树种具有下列形态和生理适应特征：根系发达，高渗透压（耐旱树种根细胞的渗透压一般高达 53～92 帕，有的甚至高达 133 帕，因而提高了根的吸水能力，同时细胞内有亲水胶体和多种糖类，提高了抗脱水能力），具有控制蒸腾作用的结构或机能，如叶很小，甚至退化成鳞片状、毛状（木麻黄、柽柳等）；有的叶片退化为刺，有的在干旱时落枝、落叶，有的叶片表面有厚的角质层、蜡质层或茸毛，有的树种气孔数目少或气孔下陷等，均有利于降低蒸腾作用，尤其适应干旱。但是低蒸腾作用并不一定是耐旱的标志，有一些耐旱树种的蒸腾作用在水分充足时是相当高的，同时也并非所有耐旱树种均有以上特征。

湿生树种：是指在土壤含水量过多、甚至表面积水的条件下能正常生长的树种，它们要求经常有足够多的水分，不能忍受干旱。如池杉、枫杨、赤杨等。

该类树种没有任何避免蒸腾的结构，相反却具有对水分过多的适应性。如根系不发达，分生侧根少，根毛也少，根系的渗透压低，为 800～1 200 千帕；叶片大而薄，气孔多而常开放。因此，它们的枝叶摘下后很快萎蔫，为了适应缺氧的环境，有些湿生树种的茎组织疏松，有利于气体交换。

多数树种为中性树种，不能长期忍受过干和过湿的环境，细胞液的渗透压为 5～25 个大气压（1 个大气压＝101 325Pa）。叶片内没有完整而发达的通气系统。

(三) 按照光照因子

可以分为喜光树种、中性树种、耐阴树种，其中每类又可分为数级。

喜光树种：光饱和点高，即当光照强度达到全部太阳光强时，光合作用才停止升高。光补偿点也高，当光强达到自然光强的 3%～5%时才能达到光补偿点。因此，此类树木常不能在林下正常生长和完成更新。如桃、桦木、松树、刺槐、杨树、悬铃木等。

耐阴树种：光饱和点低，一般当光强达到自然光强的 10%时便能进行正常的光合作用，光强过大则导致光合作用降低。适宜保持 50%～80%的遮荫度，同时光补偿点也较低，仅为自然光强的 1%以下。阴生树木的细胞壁薄而细胞体积较大，木质化程度差，机械组织不发达，维管束数目少，叶子表皮薄、无角质层，栅栏组织不发达，而海绵组织发达。叶绿素 A 少，叶绿素 B 较多，更有利于利用林下散射光中蓝紫光，气孔数目较少，细胞液浓度低，叶片的含水量较高。严格地说，园林树木很少有典型的阴性树木，而多数为耐阴性树木。真正的阴性植物为人参、

三七、秋海棠属植物。

中性树种：对光照强度的反应界于二者之间，同样能够满足在强光和弱光条件下的生长。即表现为在强光下生长最好，但同时也有一定的耐阴能力，但在高温干旱全光照条件下生长受抑制。中性树木细分可分为偏阳性的中性树木和偏阴性的中性树木。如榆属、朴属、榉属、樱花、枫杨等为中性偏阳；槐、圆柏、珍珠梅属、七叶树、元宝枫、五角枫为中性稍耐阴；冷杉属、云杉属、珊瑚树、红豆杉属、杜鹃、常春藤、竹柏、六道木、枸骨、海桐、罗汉松等为耐阴性较强的树木，有些著作中也将其列入阴性树木。中性树种如果温度、湿度条件合适仍然以阳光充足的条件下比林荫下生长健壮。中性树种在同一株上，外部阳光充足部位的叶片解剖结构倾向于阳性树种，而处于阴暗部位的枝叶结构倾向于阴性树种。

（四）按照土壤因子

园林树木因种类不同、原产地不同所要求的土壤酸碱度也不相同，有些树木要求酸性环境，如栀子花、杜鹃、银杉等；有些树木有一定的耐碱性，如刺槐、沙枣、胡杨、梨等。不同的土壤pH 影响园林树木对养分的吸收，在酸性环境条件下有利于对硝态氮的吸收；微碱性环境条件下有利于铵态氮吸收，硝化细菌在pH6.5 条件下发育最好，固氮菌在 pH7.5 时最好。在碱性条件下园林树木易发生缺绿症，这是因为土壤中的钙中和了园林树木根系分泌物而妨碍了对铁、锰的吸收。而强酸性土壤，由于铁、铝与磷酸根离子结合形成难溶的磷酸盐导致土壤缺磷。

可以分为喜酸性土树种、耐碱性树种、耐瘠薄树种、海岸树种等四类。每类中可再分几级。

（五）按照空气因子

可以分为抗风树种、抗烟和有毒气体树种、抗粉尘树种及卫生保健树种等四大类。每类又可分为若干级。

第三章 南太行山习见观赏树木

一、观花类

(一)牡丹

牡丹(*Paeonia suffruticosa* Andr.)。别名:花王、洛阳王、富贵花。

科名:毛茛科,芍药属。

1. 形态特征与分类 牡丹为多年生落叶小灌木,株型小,株高多为 0.5～2 米;根肉质,中心木质化,长度一般在 0.5～0.8 米,少数根长度可达 2 米;枝干直立圆形,根茎处丛生数枝而成灌木状,当年生枝光滑,常开裂而剥落;叶互生,通常为二回三出复叶,小叶片具披针形、卵圆形、椭圆形等形状,顶生小叶常 2～3 裂,叶上面深绿色或黄绿色,下面为灰绿色,光滑或有毛;总叶柄长 8～20 厘米,表面有槽;花单生于当年枝顶,两性,花大色艳,花径 10～30 厘米;花色有白、黄、粉、红、紫红、紫、墨紫(黑)、雪青(粉蓝)、绿等;雄雌蕊常有瓣化现象,花瓣自然增多和雄、雌蕊瓣化的程度与品种、栽培环境条件、生长年限等有关;心皮一般 5 枚,少有 8 枚,各有瓶状子房一室,边缘胎座,多数胚珠,蓇葖果。

牡丹按分枝习性可分为单枝型和丛枝型;按花色可分白、黄、粉、红、紫、蓝、黑和复色(实际上并无纯正的蓝与黑色);按花期可分为早花型、中花型、晚花型和秋冬型(有些品种有二次开花的习性,春天开花后,秋冬可再次自然开花,即称为秋冬型);按花型可分为系、类、组、型四级。四个系即牡丹系、紫斑牡丹系、黄牡丹系和紫牡丹系；两个类即单花类和台阁花类；两个组即千层组和楼子组；组以下根据花的形状分为若干型，如单瓣型、荷花型、托桂型、皇冠型等。

2. 生长习性　牡丹原产中国，为落叶亚灌木。喜凉恶热，宜燥惧湿，可耐−30℃的低温，在年平均相对湿度45％左右的地区可正常生长。喜光，亦稍耐阴。要求疏松、肥沃、排水良好的中性壤土或沙壤土，忌黏重土壤或低温处栽植。花期4～5月。

3. 繁殖与栽培　多用嫁接法和分株繁殖，也可扦插和播种。黄河中下游地区移植适期为9月下旬至10月上旬。栽培2～3年后应整枝。对生长势强、发枝能力旺的品种，只需剪去细弱枝，保留强壮枝条，对基部的萌蘖枝应及时剪去，保持株形美观。为使植株开花繁艳、保持植株健壮，应根据树龄长势，适当控制开花数量，要适当除芽。在蕾期，选留部分发育饱满的花芽，将过多的芽和赢芽尽早除去。一般而言，5～6年生的牡丹植株，保留2～5个花芽。新栽植的植株，翌年春季要将全部花芽剔除，不让开花，以便集中营养促进植株的生长发育。

管理当中要注意褐斑病、红斑病、锈病、线虫、蛴螬和地老虎的防治。

4. 应用　牡丹观赏部位主要为花朵，其花雍容华贵、富丽堂皇，素有"国色天香"、"花中之王"的美称。一般多见在公园和风景区建立牡丹专类园；古典园林和居民院落中筑花台种植；园林绿地中可以孤植、丛植或片植。也适于布置花境、花坛、花带、盆栽观赏。近年来，牡丹在园林绿化中使用逐渐多起来。

（二）紫斑牡丹

紫斑牡丹（*Paeonia rockii*）。科名：毛茛科，芍药属。

1. 形态特征与分类　紫斑牡丹为落叶小灌木，高可达180厘米；茎直立，圆柱形，微具棱，无毛。茎下部叶为二回羽状复叶，具长柄；叶正面无毛或近无毛，深绿色；叶背面粉绿色，疏生柔毛，叶脉上多。花大、美丽，两性，单生枝顶。萼片通常 4 枚，近圆形，长约 3 厘米，宽 2～2.8 厘米，先端短尾状尖；花瓣通常 10 枚，白色，腹面基部具紫色大斑纹，宽倒卵形，长 6～10 厘米，宽 4～8.2 厘米，基部楔形，先端截圆形，微有蚀状浅齿；蓇葖果长 2～3.5 厘米，粗约 1.5 厘米，被黄毛。一般 4～5 月开花，8～9 月果实成熟。

紫斑牡丹相对于其他牡丹的不同之处在于：所有品种的花瓣基部有墨紫色或紫红色斑点，花瓣厚，香气浓；植株高大，长势强壮；耐寒性强，病虫害少，适应性广。

2. 生长习性 多分布于次生夏绿阔叶林下或灌丛中及岩石缝中。分布区宜夏季温暖干燥，冬春干冷，1 月最低温在 0℃ 左右，年均温 13℃ 左右，年降水量 650～950 毫米的范围。立地土壤多为山地灰化土、黄壤及山地棕壤。常见于以光叶珍珠梅、小檗、盘腺樱桃、冰川茶藨子、华西忍冬、泡花树等为主的灌丛中。紫斑牡丹为较耐阴植物，喜生于阴坡的稀疏灌丛中，或生于峭壁下林内光照较弱、土层瘠薄及岩石裸露处。结籽少，种子自然萌芽率和成活率均低，幼苗期长。

3. 繁殖方法 用分株、播种繁殖。紫斑牡丹有上胚轴休眠现象，应于 8 月上旬至 9 月上旬果皮变黄褐色，种子成熟后即可采种。种子水选后，将籽粒饱满的种子放在湿沙内贮藏 7 天左右，立即播种。干燥种子延迟至春季播种，发芽常推迟一年。也可于每年 9～10 月将肉质茎干挖出，从根颈部位切开（一般每兜分 3～5 株，上面必须带芽），在伤口处洒上石灰或草木灰以防止腐烂，栽培后培土越冬防寒。

4. 应用 牡丹雍容华贵、花大形美、色彩艳丽，有"花中之王"的美誉，是原产中国的世界名花。无论是寺庙园林还是寻常百姓都将其广为栽培，深受人们的喜爱。甘肃和平紫斑牡丹则是西北牡丹的一个品种群，花瓣基部以具有棕褐斑、紫红斑、黑紫斑为显著特征，也是重要的观赏植物和药用植物。

（三）杨山牡丹

杨山牡丹（*Paeonia ostii*）。科名：毛茛科，芍药属。

1. 形态特征与分类 灌木或亚灌木，根圆柱形或纺锤形。叶常为二回三出复叶。单花顶生、或数朵生枝顶、或数朵生茎顶和茎上部叶腋，直径 4 厘米以上；苞片 2～6 厘米，披针形，叶状，宿存；萼片 3～5 枚，宽卵形；花瓣 5～13，倒卵形；雄蕊多数，离心发育，花丝狭线形，花药黄色，纵裂；蓇葖果成熟时沿心皮的腹缝线开裂；种子数颗，黑色、深褐色，光滑无毛。花期 4～5 月。

2. 繁殖方法

分株繁殖：在秋季进行，将 4～5 年生大丛杨山牡丹整株挖出，阴干 2～3 天，待根稍软时剖开栽植，每部分以 3～5 个蘖芽为佳。

播种繁殖：8 月采种，种子有上胚轴休眠现象，采后沙藏后播，翌年春季发芽。

嫁接繁殖：在夏、秋季进行。以芍药根为砧木，用杨山牡丹根际上萌发的新枝或 1 年生短枝作接穗，采用嵌接或劈接法，成活率较高。

3. 应用 牡丹在全国栽培甚广，并早已引种国外。在栽培类型中，主要根据花的颜色，可分成上 5 个品种群：中原品种群、西北品种群、江南品种群、西南品种群、西北品种群。牡丹广泛应用于城市公园及专类园、街头绿地、机关、学校、庭院、寺庙、古典园林等，到处可见牡丹的芳踪。以其万紫千红的艳丽色彩、锦绣的装饰效果成为园林中重要的观赏景观。

（四）太平花

太平花（*Philadelphus pekinensis* Rupr.）。科属：虎耳草科，山梅花属。

1. 形态特征　灌木，高 1～2 米，分枝多；二年生小枝无毛，表皮栗褐色；叶阔椭圆形或卵形，长 6～9 厘米，宽 2.5～4.5 厘米，先端渐尖，边缘具锯齿，稀近全缘，两面无毛；叶脉离基出 3～5 条；总状花序有花 5～9 朵；花序轴长 3～5 厘米，黄绿色，无毛；花梗长 3～6 毫米，无毛；花萼外面无毛，裂片卵形，长 3～4 毫米，宽约 2.5 毫米；花冠盘状，直径 2～3 毫米；花瓣白色，倒卵形，长 9～12 毫米，宽约 8 毫米；雄蕊 25～28 枚，最长的达 8 毫米；蒴果近球形或倒圆锥形，直径 5～7 毫米，萼宿存；种子长 3～4 毫米，具短尾；花期 5～7 月，果期 8～10 月。

2. 生态习性　太平花适应性较强，自然分布常见于山区，具有较强的耐干旱、耐瘠薄能力。喜半阴，耐强光，耐寒，喜肥沃排水良好的土壤，不耐水积。耐修剪且寿命长。

3. 繁殖方法　播种、分株、扦插、压条繁殖均可。

播种法于 10 月采果晒开裂后，筛出种子密封贮藏，次年 3 月播种，实生苗 3～4 年可开花。扦插可用硬枝扦插或软枝扦插，软枝扦插于 5 月下旬至 6 月上旬较易生根。压条、分株可在早春芽子萌动前进行。太平花宜栽植于排水良好而又向阳处，春季发芽前施适量腐熟的有机肥，使花繁叶茂。花谢后如果不留种子，应及时将整个花序剪除，节省营养。应注意修剪时保留新枝，剪除病虫枝、枯枝、交叉枝、过密枝等。

4. 应用　太平花美丽、芳香、花序硕大、花期久，是优良的观赏花木。宜丛植于林缘、园路拐角和建筑物前，做基础种植，也可作为自然式花篱或大型花坛的中心栽植材料。在中国古典园林中常伴与假山石旁，尤为得体。在园林上的利用前景看好。

（五）小花溲疏

小花溲疏（*Deutzia parviflora* Bunge.）。科属：虎耳草科，

绣球花亚科，溲疏属。

1. 形态特征 灌木，高约 2 米；老枝灰褐色或灰色，表皮常片状脱落；叶纸质，卵形、椭圆状卵形或卵状披针形，长 3～10 厘米，宽 2～4.5 厘米，先端急尖或短渐尖，伞房花序直径 2～5 厘米，多花；花序梗被长柔毛和星状毛；花瓣白色，阔倒卵形或近圆形，长 3～7 毫米，宽 3～5 毫米，先端圆，基部急收狭，两面均被毛，花蕾时覆瓦状排列；花柱 3，较雄蕊稍短。蒴果球形，直径 2～3 毫米。花期 5～6 月，果期 8～10 月。

2. 生长习性 小花溲疏喜欢深厚肥沃的沙质壤土，在轻黏土中也可正常的生长，在盐碱土中生长发育不良。喜湿润环境，除了在栽植时要浇好头三次水外，在整个生长期内要保持土壤的湿润。喜光，稍耐阴，可配置在林缘的散射光处。耐寒能力较强，-10℃以上可露地越冬。

3. 繁殖方法 生产上多用扦插的方法来繁殖。扦插基质多用素沙土或粗河沙，扦插前喷洒 0.2％高锰酸钾溶液消毒。7 月上旬，选半木质化的枝条，剪成长度 15 厘米左右的插穗，上剪口平齐，下剪口为马蹄形，20 个插穗一捆，浸泡在浓度为 500 毫克/升的 ABT 生根剂溶液中浸 12 小时，然后扦插。株行距为 5 厘米×5 厘米，扦插后即喷透水一次，后搭设遮荫网。日常管理时每天对插穗喷两次雾，保持湿度不低于 80％，15 天左右可生根。生根后，每隔 10 天喷施一次 0.2％磷酸二氢钾和 0.5％尿素的混合液。冬季采取一定防寒措施，翌年 3 月末可进行移栽，培育大苗。

4. 应用 小花溲疏花色淡雅素丽，花虽小但繁密，开花之时正值少花的夏季，是园林绿化的好材料。在园林绿化中，小花溲疏可用作自然式花篱，也可丛植点缀于林缘、草坪，也可片植，还可用于点缀假山石。其鲜花枝还可供瓶插观赏。

（六）大花溲疏

大花溲疏（*Deutzia grandiflora* Bunge.）。科属：虎耳草

科，绣球花亚科，溲疏属。

1. 形态特征　灌木，高 1~2 米，小枝褐色或灰褐色，光滑，老枝灰色，树皮不剥落。叶对生，叶柄长 2~4 毫米；叶片卵形或卵状披针形，长 2~5 厘米，宽 1~2.5 厘米，基部广楔形或圆形，先端短渐尖或锐尖，边缘有细锯齿，背面灰白色，密生 6~12 条放射状星状毛，质地粗糙。聚伞花序 1~3 朵花生枝顶，花大，直径 2.5~3 厘米，萼筒长 2~3 毫米，裂片 5，披针状线形。花瓣 5，白色，半下位子房，花柱 3~5。蒴果半球形，直径 4~5 毫米。花期 4 月下旬，果熟期 6 月。

2. 生长习性　多生于丘陵或低山灌丛中，喜光，稍耐阴、耐寒、耐旱，对土壤要求不严。忌低洼积水的场所栽植。

3. 繁殖方法　多用扦插、播种、压条、分株繁殖。大花溲疏扦插易活，在 6 月和 7 月用软枝扦插，半月后即可生根；也能在春季萌芽前用硬枝扦插。移植宜在落叶后期进行。栽后每年冬季或早春应修剪枯虫病死枝。大花溲疏于头一年 10~11 月采种，晒干、脱粒后密封干藏，于翌年春播。多采用条播或撒播的方式，每亩*用种量约 0.25 千克。覆土厚度以不见种子为宜，播后及时盖草，待幼苗出土后揭草搭设遮荫棚。

4. 应用　大花溲疏，花朵素雅洁白，花量多且大，是优良的园林观赏树种，也是适合华北地区栽植的优良乡土树种。可植于山坡、路边、草坪及林带边缘，也可作岩石园种植材料或花篱，鲜花枝可瓶插观赏，果入药。

（七）东陵八仙花

东陵八仙花（*Hydrangea bretschneideri* Dippel.）。科属：虎耳草科，绣球属。

1. 形态特征　落叶灌木，高 3 米。树皮常片状剥落，老枝

---

*　亩为非法定计量单位，1 公顷＝15 亩。

红褐色。叶对生，卵形或椭圆状卵形，长 5～15 厘米，宽 2～5 厘米，先端渐尖，边缘有锯齿，叶面深绿色，背面密生灰色柔毛，叶柄长 1～3 厘米，被柔毛。伞房状聚伞花序顶生，花径 10～15 厘米，边缘着不育花，初白色，后变淡紫色，中间有浅黄色可孕花。蒴果近圆形，径约 3 毫米，种子两端有翅。

2. 生长习性　喜光，稍耐阴，较耐寒，忌干燥，喜半阴及湿润排水良好的环境。在稍有庇荫处及肥沃、湿润的沙质壤土中生长发育良好。

3. 繁殖方法　可播种、扦插、压条繁殖。

4. 应用　宜于草坪、林缘、池畔、庭园角隅及墙边基础种植、孤植或丛植。

（八）绣球绣线菊

绣球绣线菊（*Spiraea blumei* G. Don.）。科属：蔷薇科，绣线菊亚科，绣线菊属。

1. 形态特征　小灌木，高 1～2 米。小枝细弱，深红褐色或暗灰褐色，无毛；冬芽小，卵形。叶片菱状卵形至倒卵形，长 2～3.5 厘米，宽 1～1.8 厘米，先端圆钝或微尖，基部楔形，两面无毛，下面浅蓝绿色，基部具有不明显的 3 脉或羽状脉。伞形花序有总梗，无毛，具花 10～25 朵；花梗长 6～10 毫米，无毛；苞片披针形，无毛；花直径 5～8 毫米；花瓣宽、倒卵圆形，先端微凹，长 2～3.5 毫米，白色；雄蕊 18～20 枚；子房无毛或仅在腹部微具短柔毛，花柱短于雄蕊。蓇葖果直立。花期 4～6 月，果期 8～10 月。

2. 生长习性　性喜温暖、阳光充足的环境。稍耐寒、耐阴、耐旱，忌积水。分蘖能力强。生长适宜温度为 15～24℃，冬季能耐−5℃低温。土壤以肥沃、疏松和排水良好的沙壤土为佳。

3. 繁殖方法　播种、扦插、分株均易成活，生长良好。播种可春播或秋播皆可，种子采收后沙藏过冬，春季 3～4 月播种，

25～30 天后发芽。扦插时间于 6～7 月梅雨季节进行。剪取半木质化枝条，长 15 厘米左右，上端留小叶 2～3 枚，插入沙床后 25～30 天即可生根；休眠枝扦插在 2 月中下旬进行。2～3 月早春时节结合移栽进行分株繁殖。将母株的萌蘖苗用刀切开，适当短截后分栽即可。

4. 应用　主要用于观花观叶。其叶形秀丽端庄，秋色叶树种，秋季叶黄。花开时白色花序密集枝顶，芳香而美丽。园林应用上可丛植、孤植，或群植于风景区、公园或列植成花篱、花境，也可在北方干旱区广泛应用。

（九）中华绣线菊

中华绣线菊（*Spiraea chinensis*）。科属：蔷薇科，绣线菊亚科，绣线菊属。

1. 形态特征　小灌木，高 1.5～3 米，小枝弯曲，红褐色，幼时被黄色绒毛；冬芽卵形，外被柔毛。叶片菱状卵形至倒卵形，长 2.5～6 厘米，宽 1.5～3 厘米，边缘有缺刻状粗锯齿或具不明显 3 裂，脉纹深陷。伞形花序具花 16～25 朵，花直径 3～4 毫米。花瓣近圆形，先端微凹或圆钝，长与宽 2～3 毫米，白色，雄蕊 22～25，短于花瓣或与花瓣等长。蓇葖果开张，被短柔毛，花柱顶生，直立或稍倾斜。花期 3～6 月，果期 6～10 月。

2. 生长习性　中华绣线菊喜阳、耐寒、耐旱。多分布于内蒙古、河北、河南、陕西、湖北、湖南、安徽、江西、江苏、浙江、贵州、四川、云南、福建、广东、广西等省、自治区、直辖市。常见于海拔 500～2 000 米的山坡灌丛中、田野路旁、山谷溪边。

3. 繁殖方法　繁殖以扦插为主，也可播种、分株。中华绣线菊可采用种子繁殖，待种子成熟后采下即播，出芽率高，一般情况下第二年可成苗。如苗木需量大，最好采用扦插繁殖。一年四季中除冬季外均可繁殖，但在 5～9 月带 2 片叶片扦插效果最佳。扦插的基质可选用保水性较好的珍珠岩、河沙或蛭石。选取生长健壮、充实、无病虫的当年生枝条做插穗，插后浇透水并定时进行叶面喷雾。5～9月扦插一般半月左右即可生根，成活率在80％以上。

4. 应用 绣线菊在园林中应用较为广泛，因其花期为夏季，是缺花的季节，花朵十分美丽，给炎热的夏季带来一丝清凉，是庭院观赏的良好树种。中华绣线菊特别适宜用于各种花镜中配置。另外，其根、果实均可入药，具有调气、止痛、散瘀利湿之功效。可以治疗止咳、明目、镇痛。

（十）华北绣线菊

华北绣线菊（*Spiraea fritschiana*）。科属：蔷薇科，绣线菊亚科，绣线菊属。

1. 形态特征 小灌木，高1～2米；小枝具明显棱角，有光泽，嫩枝无毛或具稀疏短柔毛，紫褐色至浅褐色；冬芽卵形，有数枚外露褐色鳞片，幼时具稀疏短柔毛。叶片卵形、椭圆卵形或椭圆长圆形，长3～8厘米，宽1.5～3.5厘米。叶柄长2～5毫米，幼时具短柔毛。顶生复伞房花序，多花，无毛。花瓣卵形，先端圆钝，长2～3毫米，宽2～2.5毫米，白色，在芽中呈粉红色。雄蕊25～30枚。子房具短柔毛，蓇葖果。花期6月，果期7～8月。

2. 生长习性 喜温暖湿润的气候和深厚肥沃的土壤。喜光稍耐阴、耐旱、耐寒、耐修剪，萌芽力和萌蘖力具强。多见于山坡杂木林中、林缘、山谷、多石砾地及石崖上。

3. 繁殖方法 见中华绣线菊。

4. 应用 枝繁叶茂，小花密集，花色粉红，花期较长，自初夏至秋初，娇美艳丽，是良好的园林观赏植物和蜜源植物。多配置于草地旁、水池岸边、林缘地带。

（十一）蒙古绣线菊

蒙古绣线菊（*Spiraea mongolica* Maxim.）。科属：蔷薇科，绣线菊亚科，绣线菊属。

1. 形态特征　小灌木，高达 3 米；小枝细，有棱角，幼时无毛，红褐色，老时灰褐色；冬芽长卵形，外被 2 枚棕褐色鳞片，无毛。叶片长圆形或椭圆形，长 8～20 毫米，宽 3.5～7 毫米，先端圆钝或微尖，基部楔形，全缘，稀先端有少数锯齿。叶柄极短，长 1～2 毫米，无毛。伞形总状花序具总梗，有花 8～15 朵；花梗长 5～10 毫米。苞片线形，无毛。花直径 5～7 毫米。花瓣近圆形，先端钝，稀，微凹，长与宽各为 2～4 毫米，白色，雄蕊 18～25 枚，几与花瓣等长。子房具短柔毛，花柱短于雄蕊。蓇葖果。花期 5～7 月，果期 7～9 月。

2. 生长习性　产于内蒙古、河北、河南、山西、陕西、甘肃、青海、四川、西藏等省、自治区、直辖市。生于山坡灌丛中或山顶及山谷多石砾地，海拔 1 600～3 600 米的高地。模式标本采自甘肃与内蒙古交界处。

3. 繁殖方法　见中华绣线菊。

4. 应用　其花入蒙药，具有治疗疮疡、创伤等功能；从生长特性来看，绝大多数较为抗旱、喜光、耐贫瘠土壤，且根系发达，可作为荒山绿化的先锋树种，能起到固沙及水土保持的作用。

（十二）石楠

石楠（*Photinia serrulata* Lindl.）。科属：蔷薇科，石楠属。

1. 形态特征　常绿灌木或小乔木，高可达十余米。小枝褐灰色，无毛。叶互生，叶柄粗壮，长 2～4 厘米，叶革质，长椭圆形、长倒卵形或倒卵状椭圆形，长 9～22 厘米，宽 3～6.5 厘米，先端尾尖；基部圆形或宽楔形，边缘疏生具腺细锯齿，近基部全缘；幼时中脉有绒毛，成熟后两面皆无毛。花两性；顶生复伞房花序，总花梗和花梗无毛，花梗长 3～5 毫米，花密生，直径 6～8 毫米，萼片 5，阔三角形，长约 1 毫米，先端急尖，花瓣 5，白色，近圆形，直径 3～4 毫米，雄蕊 20 枚，外轮较花瓣长，内轮较花瓣短，花药带紫色。梨果球形，直径 5～6 毫米，红色，后成褐紫色。种子 1 颗，卵形，长 2 毫米，棕色，平滑。花期 4～5 月，果期 10 月。本种叶片形状变异较大，幼苗期锯齿有针刺。

2. 生长习性　喜温暖湿润的气候，耐寒力不强，气温低于 −10℃以下会落叶、死亡。河南新乡、焦作可露地越冬。喜光也耐阴，对土壤要求不甚严，以肥沃湿润的沙质土壤为宜。萌芽力强，耐修剪，对烟尘和有毒气体有一定的抗性。

3. 繁殖方法　石楠的繁殖主要有播种和扦插两种方法。3 月上旬春插，6 月上旬夏插，9 月上旬秋插。采用半木质化的嫩枝或木质化的当年生枝条，剪成一叶一芽，长度 3～4 厘米，切口平滑。插穗剪好后注意保湿。扦插前，切口用生根剂处理加快生根速度，提高成活率。插好后浇透水，叶面用多菌灵和炭疽福美混合液喷洒。扦插后经常检查苗床，使基质含水量保持在 60%左右，棚内空气湿度最好保持在 95%以上，棚内温度控制在 38℃以下，如果温度过高，则应喷雾降温。从扦插到生根发芽之前都要遮荫。半月后，部分插条开始生根应适当降低基质的含水量，一般保持在 40%左右。

4. 应用　石楠为新叶有色类树木，其树冠圆整，叶片光绿，初春嫩叶紫红，春末夏初白花点点，秋日红果累累，极富观赏价值，是著名的庭院绿化树种。不仅如此，还有抗烟尘和有毒气体的特性，且具隔音功能。叶、根可入药。我国南方地区多用作嫁接枇杷的砧木。

（十三）椤木石楠

椤木石楠（*Photinia davidsoniae*）。科属：蔷薇科，石

楠属。

1. 形态特征　常绿乔木，高 6～15 米；幼枝黄红色，后紫褐色，有时具刺。叶革质，长圆形、倒披针形或稀为椭圆形，长5～15 厘米，宽 2～5 厘米，先端急尖或渐尖，基部楔形，边缘稍反卷，上面光亮，中脉初有贴生柔毛，后渐脱落至无毛，侧脉10～12 对；叶柄长 8～15 毫米，无毛。花多数，复伞房花序密集成顶生，直径 10～12 毫米；总花梗和花梗有平贴短柔毛，花梗长 5～7 毫米。花直径 10～12 毫米，花瓣圆形，直径 3.5～4毫米，先端圆钝，基部有极短爪，内外两面皆无毛，雄蕊 20 枚，较花瓣短，花柱 2，基部合生并密被白色长柔毛。果实球形或卵形，直径 7～10 毫米，黄红色，无毛，种子 2～4，卵形，长 4～5 毫米，褐色。花期 5 月，果期 9～10 月。

2. 生长习性　产于陕西、江苏、安徽、浙江、江西、湖南、湖北、四川、云南、福建、广东、广西等省、自治区、直辖市。多生于灌丛中，海拔 600～1 000 米。越南、缅甸、泰国也有分布。

3. 繁殖方法　可播种和扦插繁殖。在果实成熟期采种，将果实捣烂漂洗取籽后晾干，采用层积沙藏至次年春播。种子与沙的比例为 1∶3。选择土壤肥沃、深厚、松软（混入 1/3 河沙）的地块作为苗床进行露地播种。2 月上旬采用开沟条播，行距 20厘米，覆土厚 2～3 厘米，略镇压，浇透水后覆草，以保持土壤湿润，有利于种子出土。

扦插繁殖要选择排水良好、地下水位低、交通方便和水源充足的地块做苗圃地。插床宽 100 厘米、长 20～30 米，插床四周要装挡板，挡板高度为 12 厘米为宜。床面应用高锰酸钾 200 倍液喷洒消毒，后铺设基质，将床面平整后 24 小时即可进行扦插。扦插可在雨季进行，应选当年半木质化的嫩枝剪成 10～12 厘米长的小段，一叶带一芽，剪去叶片 1/3。插条切口要平滑，将插条捆成小捆蘸生根剂泥浆。应随剪、随进行药剂处理、随扦插，扦插完毕后立即浇透水。也可在早春，采一年生成熟枝条扦插。

4. 应用 椤木石楠枝叶繁茂，树冠圆球形，早春新叶绛红，初夏白花点点，秋末赤实累累，艳丽夺目。椤木石楠在一年中季相变化较明显，叶、花、果均可观赏，目前是我国长江流域及南方适宜园林树种。其树冠整齐，耐修剪，可根据需要进行造型，是小庭园和园林中很好的骨干树种。特别耐大气污染，适用于工矿区配植。木材亦可作农具。

（十四）棣棠

棣棠 [*Kerria japonica*（L.）DC]。科属：蔷薇科，棣棠花属。

1. 形态特征 落叶小灌木，高 1～2 米，小枝绿色，圆柱形，无毛，常拱垂形，嫩枝常有棱角。叶互生，三角状卵形或卵圆形，顶端长渐尖，基部圆形、截形或微心形，边缘有尖锐重锯齿，两面绿色，上面无毛或有稀疏柔毛，下面沿脉或脉腋有柔毛，叶柄长 5～10 毫米，无毛；托叶膜质，带状披针形，有缘毛，早落。单花，着生在当年生侧枝顶端，花梗无毛；花直径 2.5～6 厘米，花瓣黄色，宽椭圆形，顶端下凹。瘦果倒卵形至半球形，褐色或黑褐色，表面无毛，有皱褶。花期 4～6 月，果期 6～8 月。

2. 生长习性 性喜温暖湿润和半阴的环境，耐寒性差，对土壤要求不很严，以疏松、肥沃的沙壤土生长最好。

3. 繁殖方法 可用分株、扦插、播种的方法繁殖。分株繁殖母株不挖出。在早春和晚秋进行，用工具直接在土中从母株上分割出各带 1～2 枝干的新株，取出移栽，留在土中的母株，第二年可用再次分株。重瓣棣棠多用分株繁殖法。硬枝扦插时用未发芽的一年生枝。6 月份左右用嫩枝扦插，选用当年生粗壮枝，留半数叶，插条长 12～15 厘米，如果插在露地要遮荫，防止干燥失水。播种繁殖方法只在大量繁殖单瓣原种时采用。种子采收后需经过 5℃低温沙藏 1～2 个月，次年春季播种。播后盖上细土后覆草，出苗后搭棚遮荫。

4. 应用 棣棠叶翠绿细柔，金花满树，别具风姿，可栽在墙隅及管道旁作基础种植，有遮蔽之效果。宜作花篱、花径，群植于古木之旁、常绿树丛之前、山石缝隙之中或水边、池畔、湖沼沿岸及溪流成片栽种，均甚相宜；若配植疏林草地或山坡林下，则尤为雅致，野趣盎然，盆栽观赏也可。除供观赏外，还可入药，有消肿、止痛、止咳、助消化等作用。

（十五）湖北海棠

湖北海棠〔*Malus hupehensis*（Pamp.）Rehd.〕。科属：蔷薇科，苹果亚科，苹果属。

1. 形态特征 乔木，高可达 8 米；小枝初有短柔毛，后脱落，老枝紫色至紫褐色；冬芽卵形。叶片卵形至卵状椭圆形，长 5～10 厘米，宽 2.5～4 厘米，先端渐尖，嫩时有稀疏短柔毛，常呈紫红色，叶柄长 1～3 厘米，嫩时有稀疏短柔毛，逐渐脱落，伞房花序，具花 4～6 朵，花梗长 3～6 厘米，花直径 3.5～4 厘米；花瓣倒卵形，长约 1.5 厘米，粉白色或近白色，雄蕊 20 枚，花丝长短不齐，花柱 3，稀 4，基部有长绒毛，较雄蕊稍长。果实椭圆形或近球形，直径约 1 厘米，黄绿色稍带红晕，萼片脱落，果梗长 2～4 厘米。花期 4～5 月，果期 8～9 月。

2. 生长习性 为适应性极强的一个果树观赏树种，喜光，耐涝，抗旱，抗寒，抗病虫灾害。能耐－21℃的低温，并有一定的抗盐能力。

3. 繁殖方法 以种子繁育为主，播种前应层积催芽 30～50 天，可顺利发芽。

4. 应用 干皮、嫩梢、幼叶、叶柄、枝条等部位均呈紫褐色，花蕾粉红色，花开粉白色，花梗细长，小果红色，为春秋两季观花、观果的皆佳园林树种。耐寒性强，为华北地区可选的优良绿化观赏树种。

（十六）黄刺玫

黄刺玫（*Rosa xanthina* Lindl.）。科属：蔷薇科，蔷薇属。

1. 形态特征　直立小灌木，高 2～3 米，枝条粗壮、密集、披散，有散生皮刺。小叶 7～13 枚，小叶片宽卵形或近圆形，先端圆钝，基部宽楔形或近圆形，边缘有圆钝锯齿，上面无毛，幼嫩时下面有稀疏柔毛，逐渐脱落；叶轴、叶柄有稀疏柔毛和小皮刺。花单生于叶腋，重瓣或半重瓣，黄色，无苞片；花梗长 1～1.5 厘米，无毛，花直径 3～5 厘米，花瓣黄色，宽倒卵形，先端微凹，基部宽楔形。果近球形或倒卵圆形，紫褐色或黑褐色，直径 8～10 毫米，无毛，花后萼片反折。花期 4～6 月，果期7～8 月。

2. 生长习性　性喜光，稍耐阴，耐寒力较强。对土壤要求不甚严，耐干旱、耐瘠薄，在盐碱土中也能很好生长，以疏松、肥沃土地为佳。不耐积水。少病虫危害。

3. 繁殖方法　黄刺玫的繁殖主要为分株法。由于黄刺玫分蘖力较强，重瓣种一般不结果，而分株繁殖方法简单、迅速，成活率高。对单瓣种也可播种、扦插、压条来繁殖。因黄刺玫多在北方地区栽培应用，由于春季温度低，多采用嫩枝扦插，北方于6 月上、中旬选择当年生半木质化枝条进行软枝扦插。

分株，在早春萌芽前土壤解冻后进行。分株时先将枝条重剪，连根挖起，用利器将根劈开即可栽植，栽植后需要加强肥水管理。一般在春季 3 月下旬芽萌动前进行这项工作。将整个株丛全都挖出，分成几小份，每一小份最少要带 1～2 个枝条和部分根系，然后重新分别定植，后灌透水。

嫁接法采用易生根的野刺玫作为砧木，黄刺玫当年生枝条用作接穗，于 12 月至次年 1 月上旬时嫁接。砧木长度在 15 厘米左右为佳，取黄刺玫芽子，带少许木质部，砧木上端带木质部切下后，把黄刺玫芽靠接上后用塑料膜绑紧，按 50 株一捆，沾泥浆湿沙贮藏，促进愈合生根。3 月中旬后分栽育苗，株行距为 20 厘米×40 厘米，成活率在 40％左右。

扦插法是在雨季剪取当年生半木质化枝条，插穗长 10～15 厘米，留 2～3 枚叶片，插入沙中 5～10 厘米，株行距 5 厘米×7 厘米。压条法在 7 月将嫩枝压入土中即可。

4. 应用 黄刺玫可供观赏，也可作为保持水土及园林绿化树种。果实可食用、制果酱。花可用来提取芳香油。花、果入药，有理气活血、调经健脾之功效。

（十七）山桃

山桃 [*Amygdalus davidiana*（Carr.）C.]。科属：蔷薇科，桃属。

1. 形态特征 乔木，高可达 10 米；树冠开展，树皮暗紫色，光滑；小枝细长，直立，老时褐色。叶片卵状披针形，长 5～13 厘米，宽 1.5～4 厘米，先端渐尖，基部楔形，两面无毛，叶边具细锐锯齿，叶柄长 1～2 厘米，常具腺体。花单生，先于叶开放（纯式花相），直径 2～3 厘米，花梗极短或几无梗，萼筒钟形，萼片卵形至卵状长圆形，紫色，先端圆钝，花瓣倒卵形或近圆形，长 10～15 毫米，宽 8～12 毫米，粉红色，先端圆钝，稀微凹，雄蕊多数，子房被柔毛，花柱长于雄蕊或近等长。果实近球形，直径 2.5～3.5 毫米，淡黄色，外面密被短柔毛，果梗短，成熟时不开裂，核球形或近球形。花期 3～4 月，果期 7～8 月。

2. 生长习性 性喜光，耐寒，对土壤适应性较强，耐旱，耐瘠薄，忌涝。山桃多野生于各大山区及半山区，对自然环境适应性极强。一般土质都能生长，对土壤要求不甚严。

3. 繁殖方法 以播种繁殖为主。宜种植在阳光充足、土壤沙质的地方，管理较为粗放。

4. 应用 山桃花期较早，开花时美丽可观，并有白花、曲枝、柱形等变异类型。园林中宜成片植于山坡并以苍松翠柏为背景，更能显示其娇艳欲滴之美。在草坪、庭院、林缘、水际、建筑物前零星栽植也非常合适。山桃在园林绿化中的用途较为广泛，绿化效果非常好，深受人们的喜爱。

本种抗旱耐寒能力强，又耐盐碱，在我国华北地区主要作桃、梅、李等果树的砧木，也可供观赏把玩。木材质硬而重，可做各种细工及手杖。果核可做玩具或念珠。种仁可榨油供食用。山桃中性、味苦、平，具有清热解毒、杀虫止痒的功能。用于治疗腹水、水肿、便秘等。

（十八）山杏

山杏 ［*Armeniaca sibirica*（L.）Lam.］。科属：蔷薇科，桃属。

1. 形态特征 灌木或小乔木，高 2～5 米，树皮暗灰色，小枝无毛，灰褐色或淡红褐色。叶片卵形或近圆形，长 5～10 厘米，宽 4～7 厘米，先端长渐尖至尾尖，基部圆形至近心形，叶缘有细钝锯齿，叶柄长 2～3.5 厘米，花单生，直径 1.5～2 厘米，先叶开放，花梗长 1～2 毫米，花萼紫红色，萼筒钟形，花瓣近圆形或倒卵形，白色或粉红色，雄蕊几与花瓣近等长，子房被短柔毛。果实扁球形，直径 1.5～2.5 厘米，黄色或橘红色，有时具红晕，被短柔毛，果肉较薄而干燥，成熟时开裂，味酸涩，成熟时沿腹缝线开裂，核扁球形，易与果肉分离。花期 3～4 月，果期 6～7 月。

2. 生长习性 山杏适应性强，喜光，根系较为发达。具有耐旱、耐寒、耐瘠薄的特性。在 −30～−40℃ 的低温下能够安全越冬生长，在 7～8 月干旱季节，土壤含水率仅有 3%～5% 时，山杏却叶色浓绿，正常生长。在低温和盐渍化土壤上生长发育不良。

3. 繁殖方法 多用播种或嫁接繁殖。

4. 应用 山杏抗旱耐寒，耐盐碱，在华北地区主要作梅、桃、李等果树的砧木，也可供观赏之用。其木材质硬而重，可做各种细工及手杖。果核可做玩具或念珠。种仁可榨油供食用。

花期较早，可在庭院、草坪、水际、林缘、建筑物前零星栽植也很合适。山桃在园林绿化中的用途广泛，绿化效果非常好，深受人们的喜爱。

（十九）合欢

合欢（*Albizia julibrissin* Durazz.）。科属：豆科，合欢属。

1. 形态特征 落叶乔木，高可达 16 米。树干灰黑色；嫩枝、花序和叶轴被绒毛或短柔毛。二回羽状复叶，互生；总叶柄长 3～5 厘米，小叶 10～30 对，线形至长圆形，长 6～12 毫米，宽 1～4 毫米，向上偏斜，先端有小尖头，有缘毛，有时在下面或仅中脉上有短柔毛，中脉紧靠上边缘。头状花序在枝顶排成圆锥花序，花粉红色，花萼管状，长 3 毫米；花冠长 8 毫米，裂片三角形，长 1.5 毫米，花萼、花冠外均被短柔毛，雄蕊多数，基部合生，花丝细长。子房上位，荚果带状，长 9～15 厘米，宽1.5～2.5 厘米，嫩荚果有柔毛。花期 6～7 月，果期 8～10 月。

2. 生长习性 性喜温暖湿润和阳光充裕的环境，对土壤和气候适应性较强，宜在肥沃、排水良好的土壤生长，也耐轻度盐碱和瘠薄土壤，不耐积水。对二氧化硫、氯化氢等有害气体有较强的抗性。

3. 繁殖方法 合欢多用圃地育苗法。选土层深厚、背风向阳、排灌溉方便的沙壤或壤土，翻松土壤，锄碎土块，做成平整的苗床。播种前在畦内先施腐熟人粪尿和钙镁磷肥，再盖上一层细园土。采用撒播或宽幅条播，播种后盖一层细土，后覆稻草浇湿，保持土壤润泽。幼苗出土后逐步揭除覆盖物，第一片真叶普遍抽出后全部撤出覆盖物，并拔除杂草。

4. 应用 合欢树形优美，树冠开阔，入夏绿荫清幽，羽状复叶昼开夜合，夏日粉红色绒花吐艳，十分美丽。适用于水滨、池畔、溪旁和河岸等处散植。对二氧化硫和氯化氢抗性较强，适于污染严重的厂矿、街道绿化。合欢可用作行道树、园景树、滨水绿化树、风景区造景树、工厂绿化树和生态保护树等。也是"四旁"绿化和庭园点缀的观赏佳树。树皮及花入药，嫩叶可食，老叶浸水可洗衣，木材可供制造家具等用。

（二十）山合欢

山合欢 [*Albizia kalkora* (Roxb.) Prain.]。科属：豆科，合欢属。

1. 形态特征 落叶乔木，小枝为棕褐色，高 4～15 米。二回羽状复叶，羽片 2～3 对，小叶 5～14 对，线状长圆形，长 1.5～4.5 厘米，宽 1～1.8 厘米。头状花序，2～3 个生于上部叶腋或多个排成顶生伞房状，花丝白色。荚果长 7～17 厘米，宽 1.5～3 厘米，深棕色。种子 4～12 颗。花期 5～7 月，果期 9～11 月。

2. 生长习性 生于溪沟边、路旁和山坡上；分布于华北、华东、华南、西南及陕西、甘肃等省、自治区、直辖市。多见于溪沟边、路旁和山坡上。

3. 繁殖方法 多播种繁殖，于秋季 9～10 月间采种，选择子粒饱满、健壮、无病虫的荚果，将其晾晒后脱粒，干藏于干燥通风处。春季育苗时，在播种前将种子浸泡 8～10 小时后取出播种。开沟条播，播后保持畦土湿润，约 10 天发芽。幼苗出齐后，应加强除草、松土、追肥等管理工作。次年春或秋季移栽，每年春秋季节除草、松土，以促进生长。

由于山合欢种皮坚硬，为使种子发芽整齐，出土迅速，播前 2 周需用 0.5% 的高锰酸钾冷水溶液浸泡 2 小时，捞出后用清水冲洗干净后置于 80℃ 左右的热水中浸种 30 秒，24 小时后即可进行播种。利用这种方法催芽发芽率可达 80%～90%。

4. 应用 山合欢可用作行道树、园景树、滨水绿化树、风景区造景树、工厂绿化树和生态保护树等。也是"四旁"绿化和庭园点缀的观赏佳树。花有催眠作用。

（二十一）胡枝子

胡枝子（*Lespedeza bicolor* Turcz.）。科属：豆科，胡枝子属。

1. 形态特征 直立小灌木，高 1～3 米，多分枝，小枝黄色或暗褐色。芽卵形，长 2～3 毫米，具数枚黄褐色鳞片。羽状复叶具 3 小叶，托叶 2 枚，线状披针形，小叶质薄，卵形、倒卵形或卵状长圆形，长 1.5～6 厘米，宽 1～3.5 厘米，先端钝圆或微凹，稀稍尖，具短刺尖，基部近圆形或宽楔形，全缘，上面绿色，无毛，下面色淡，被疏柔毛，老时渐无毛。总状花序腋生，总花梗长 4～10 厘米，花冠红紫色，稀白色，长约 10 毫米。子房被毛。荚果斜倒卵形，稍扁，长约 10 毫米，宽约 5 毫米，表面具网纹，密被短柔毛。花期 7～9 月，果期 9～10 月。

2. 生长习性 胡枝子耐瘠薄、耐旱、耐盐碱、耐刈割。对土壤适应性较强，在瘠薄的新开垦地上可生长发育，适于壤土和腐殖土。耐寒性很强。

3. 繁殖方法 种子繁殖时播种前要进行种子处理。播种前 3 天用"两开一凉"的温汤浸种。浸 24 小时后捞出，放笭筐内，在保持一定温度和湿度的条件下催芽。当种子咧嘴 1/3 时即可播种，一般采用开沟条播。插条繁殖时选取粗 0.5～1 厘米的萌条，截成约 20 厘米的插穗，秋季或早春扦插均可。

4. 应用 胡枝子鲜嫩茎叶营养丰富，是家畜的优质青饲料。由于枝叶茂盛和根系发达，可很好地保持水土，减少地表径流和改善地壤结构。胡枝子是含有丰富营养的粮食和食品用油资源植物。其种子可制作成粥，供人们食用，还可用它来代替大豆制成豆腐食品，其嫩叶制茶叶饮用。胡枝子具有很高的医药价值，有止血和清热理气的功能。

（二十二）美丽胡枝子

美丽胡枝子（*Lespedeza formosa*）。科属：豆科，胡枝子属。

1. 形态特征 直立小灌木，高 1～2 米。多分枝，枝伸展，被有疏柔毛。叶柄长 1～5 厘米，被短柔毛；小叶椭圆形、长圆状椭圆形或卵形，稀倒卵形，两端稍尖或稍钝，长 2.5～6 厘米，宽 1～3 厘米，上面绿色，稍被短柔毛，下面淡绿色，贴生短柔毛。总状花序腋生，或圆锥花序顶生；花梗短，被毛；花萼钟状，长 5～7 毫米，5 深裂，花冠红紫色，长 10～15 毫米。荚果倒卵形或倒卵状长圆形，长 8 毫米，宽 4 毫米，表面具网纹且被疏柔毛。花期 7～9 月，果期 9～10 月。

2. 生长习性 适应性广、耐高温、耐荫蔽、耐酸性土、耐旱、耐土壤贫瘠。美丽胡枝子多散生，根系有根瘤，因而耐贫瘠。多在土层薄而贫瘠的山坡、砾石的缝隙中能正常生长和发育。多见于向阳山坡、路边灌丛、山谷、林缘，呈丛状、片状分布。

3. 繁殖方法 美丽胡枝子种子萌发最适温度为 15～25℃，最适土壤含水率 15%～20%。故此，比较适合在春、秋两季进行播种，温度过低或过高都不利于其种子发芽。播种后适当控制水分，水分太多和太少都会影响种子萌发。由于美丽胡枝子种子坚硬，采用热水浸种处理后可提高种子萌发率，80℃浸种发芽率可大幅提高，比采用赤霉素浸种效果要好，而且方法简单，成本较低。

美丽胡枝子育苗可采用播种和扦插育苗。

圃地宜选择在排水良好、土壤肥沃的沙壤地。秋播优于春播，秋播宜于 11 月中旬进行，春播在 4 月初进行。秋播时可直播。春播种子时在播前用 60℃温水浸种 1 天，每天用清水冲洗 1 次，3～4 天后再播种。多采用条播，播种量为 25 克/米^2。覆土厚度 1 厘米，15 天左右出苗。苗期拔草同时进行间苗，当苗高达 30 厘米时，定苗，苗间距 12 厘米左右。在苗木生长初期和中期要追施氮肥。也可扦插育苗，每穴植 1～2 株。也可截干造林，栽后覆土踏实。土壤干燥地段栽后及时浇水。当年枝高可达 2 米左右。也可采用直播造林，每穴 10～15 粒种子，种子散开，穴径 3 厘米，穴距 1 米，最后每穴留 3～5 株苗木。

美丽胡枝子采用无纺布容器苗培育，具有成苗率高，生产成本低，而且移植较方便等特点，是一种较好的容器苗生产方式。而且，无论在 5～6 月的黄梅季节，还是 7～8 月的炎热夏天，以及 9～10 月在自然状态下几乎停止生长的季节，美丽胡枝子的容器育苗都可以照常进行，并且各个季节生产的美丽胡枝子容器苗长势良好，生长正常。因此，可以实现周年生产。

4. 应用　由于美丽胡枝子花色艳丽，非常适宜作护坡地被或作为观花灌木的点缀材料。在园林应用中，落叶丛生灌木和常绿藤本植物互相搭配，使护坡植物的搭配不单调而又有特色。美丽胡枝子也是很好的固土、保水及改良土壤的良好树种，也是荒山裸地造林的先锋灌木，也可对矿渣废弃地植被的快速恢复也能起到良好的作用。

（二十三）小叶锦鸡儿

小叶锦鸡儿（*Caragana microphylla* Lam.）。科属：豆科，锦鸡儿属。

1. 形态特征　灌木植物，高 1～3 米；老枝深灰色或黑绿色，嫩枝被毛，直立或弯曲。羽状复叶有 5～10 对小叶；托叶长 1.5～5 厘米，脱落；小叶倒卵形或倒卵状长圆形，长 3～10 毫米，宽 2～8 毫米，先端圆或钝，很少凹入，具短刺尖，幼时被短柔毛。花梗长约 1 厘米，被柔毛；花冠黄色，长约 25 毫米，子房无毛。荚果圆筒形，稍扁，长 4～5 厘米，宽 4～5 毫米，具锐尖头。花期 5～6 月，果期 7～8 月。

2. 生长习性　性喜光，耐寒、耐高温。强阳性树种，庇荫下生长不良，甚至不结实。耐-32℃的低温，夏季高温时，不见日灼。小叶锦鸡儿极耐干旱，能在年降雨量350毫米左右的干旱荒山上形成茂密的灌木林。小叶锦鸡儿耐瘠薄，对土壤要求不甚严，不论是在水土冲刷严重的沙地、荒漠地带，还是石质山地、黄土丘陵风蚀之地，都能很好地生长繁殖。小叶锦鸡儿为深根树种，侧根发达，萌芽力很强，平茬后可从伐根上萌发出大量的枝条。小叶锦鸡儿幼年生长较缓慢，第三年后生长显著加快。小叶锦鸡儿病害少。

3. 繁殖方法 小叶锦鸡儿可播种繁殖。播种后覆土不宜太厚，以免影响幼苗出土。为了保证成活，可在秋季加以防风措施。通常播种后，4～5天可出苗。播种方法有穴播、条播等，以穴播方法最为常见。播种一般覆土厚度以不超过3厘米为宜，穴播的每穴下种20～25粒，每亩用种约500克。

4. 应用 小叶锦鸡儿适应性极强，耐干旱瘠薄，繁殖容易，萌蘖力强，根系发达，保土性能较好，嫩枝绿叶可作饲料，枝条坚实，发火力旺，湿材也能燃烧，是深受群众欢迎的水保林、薪炭林树种。该物种是良好的防风、固沙类植物，在北方城市绿化中可丛植、孤植。多用于管理粗放或立地条件较差的地区。果实、花、根入中药。

（二十四）红花锦鸡儿

红花锦鸡儿（*Caragana rosea* Turcz.）。科属：豆科，锦鸡儿属。

1. 形态特征 小灌木，高0.4～1米。树皮绿褐色或灰褐色，小枝细长，具条棱，托叶在长枝上成细针刺状，长3～4毫米，短枝者脱落；叶柄长5～10毫米，脱落或宿存成针刺；小叶4，楔状倒卵形，长1～2.5厘米，宽4～12毫米，先端圆钝或微凹，具刺尖，基部楔形。花梗单生，长8～18毫米，无毛；花萼管状，长7～9毫米，宽约4毫米，常紫红色，萼齿三角形，渐尖，内侧密被短柔毛；花冠黄色，常紫红色或全部淡红色，凋时变为红色，长 20～22 毫米；子房无毛。荚果圆筒形，长 3～6 毫米，具渐尖头。花期 4～6 月，果期 6～7 月。

2. 生长习性　产于东北、华北、华东及河南、甘肃南部。生于山坡及沟谷。模式标本采自中国。

3. 繁殖方法　用种子、扦插或嫁接繁殖，定植后不易移栽。

4. 应用　花密集，花期长，鲜艳。常作庭院绿化，特别适合作为高速公路两旁的绿化带。

（二十五）栾树

栾树（*Koelreuteria paniculata*）。科属：无患子科，栾树属。

1. 形态特征　叶丛生于当年生枝上，平展，一回、不完全二回或偶有二回羽状复叶，长可达 50 厘米；小叶 7～18 片，无柄或具极短的柄，对生或互生，纸质，卵形、阔卵形至卵状披针形，长 3～10 厘米，宽 3～6 厘米，顶端短尖或短渐尖，基部钝至近截形，边缘有不规则的钝锯齿，齿端具小尖头，有时近基部的齿疏离呈缺刻状，或羽状深裂达中肋而形成二回羽状复叶。聚伞圆锥花序长 25～40 厘米，花淡黄色，稍芬芳；花梗长 2.5～5 毫米；萼裂片卵形，边缘具腺状缘毛，呈啮蚀状；花瓣 4，开花时向外反折，线状长圆形，长 5～9 毫米，瓣爪长 1～2.5 毫米，被长柔毛，瓣片基部的鳞片初时黄色，开花时橙红色，参差不齐的深裂，被疣状皱曲的毛；雄蕊 8 枚，在雄花中的长 7～9 毫米，雌花中的长 4～5 毫米，花丝下半部密被白色、开展的长柔毛。蒴果圆锥形，具 3 棱，长 4～6 厘米，顶端渐尖，果瓣卵形，外面有网纹，内面平滑且略有光泽；种子近球形，直径 6～8 毫米。花期 6～8 月，果期 9～10 月。

栾树常见的有两个品种：一个是北京栾树，又称为北栾；一个为黄山栾树，又称为南栾。

2. 生长习性　性喜光，耐半阴、耐寒，不耐水淹，耐盐渍、耐干旱和瘠薄，对环境的适应性强，喜欢生长于石灰质土壤中。深根性植物，萌蘖力强，生长速度中等，幼树生长较慢，抗烟尘能力强。在中原地区多有栽植。抗风能力较强，可抗－25℃低温，对粉尘、二氧化硫和臭氧均有较强的抗性。多分布在海拔1 500米以下的低山及平原，最高可达海拔2 600米。

3. 繁殖方法　栾树病虫害少，栽培管理较容易，栽培土质以深厚、湿润的土壤为宜。以播种繁殖为主，分蘖或根插亦可，移植时适当剪断主根及粗侧根，促进多发须根，容易成活。秋季果熟时及时采收，晾晒去壳。因种皮坚硬，不易透水、透气，故此秋季去壳播种，可用湿沙层积处理后次春播种。多采用垄播，垄距60～70厘米，因种子出苗率较低，故用种量大，播种量每亩30～40千克。

4. 应用　栾树春季新叶多为红叶，夏季满树黄花，入秋叶色变黄，果实紫红，形似灯笼状，十分美丽。栾树适应性强，季相变化明显，是理想的绿化、观叶、观果树种。宜作行道树、庭阴树及园景树，同时也作为居民区、工厂区及村旁绿化树种。由于抗污能力较强，栾树也是工业污染区配植的良好树种。

（二十六）满山红

满山红（*Rhododendron mariesii* Hemsl. et Wils.）。科属：杜鹃花科，杜鹃花属。

1. 形态特征与分类　常绿或落叶小灌木，高1～4米；枝条轮生，幼时被淡黄棕色柔毛，成长时无毛。叶厚纸质或近于革质，常2～3枚集生枝顶，椭圆形、卵状披针形或三角状卵形，长4～7.5厘米，宽2～4厘米，先端锐尖，具短尖头，基部钝或近于圆形，边缘微反卷，幼时两面均被淡黄棕色长柔毛，叶脉在上面凹陷，下面凸出；花常2朵顶生，先花后叶，出自于同一顶生花芽；花冠漏斗形，淡紫红色或紫红色，长3～3.5厘米，花冠管长约 1 厘米，裂片 5，深裂，长圆形，先端钝圆，上方裂片具紫红色斑点，两面无毛；雄蕊 8～10 枚，不等长，比花冠短或与花冠等长，花丝扁平，无毛，花药紫红色；子房卵球形，密被淡黄棕色长柔毛，花柱比雄蕊长，无毛。蒴果椭圆状卵球形，长 6～9 毫米，稀达 1.8 厘米，密被亮棕褐色长柔毛。花期 4～5 月，果期 6～11 月。

杜鹃花品种繁多，多同物异名或同名异物。由于来源复杂，在中国尚无统一的分类标准，常用的杜鹃花分类方法有以下几种：

按花色分，可把杜鹃品种分为红色系、紫色系、黄色系、白色系、复色系及其他等系列。

按花期分，可把杜鹃品种分春鹃、春夏鹃、夏鹃和西鹃。春天开花的品种称为春鹃，春鹃又分为大叶大花和小叶小花两种；6 月开花的称为夏鹃；介于春鹃和夏鹃花期之间的称为春夏鹃；而将从西方传入的单独列为一类称为西洋鹃，简称西鹃。

按综合性状分，根据产地来源、亲缘关系、形态习性和观赏特征，进行逐级筛选，先分成东鹃、毛鹃、西鹃、夏鹃 4 个类型，然后再将每个类型划分为几个组群，最后从组群中分离出各个品种，如西鹃类可分为光叶组、尖叶组、扭叶组、狭叶组、阔叶组等 5 个组。

2. 生长习性　性喜凉爽湿润的气候，恶酷热干燥。要求富含腐殖质、疏松、湿润及 pH5.5～6.5 的酸性土壤。部分园艺品种的适应性较强，耐干旱，瘠薄，土壤 pH7～8 也能够生长。但在黏重或通透性差的土壤上，生长发育不良。杜鹃花对光有一定的要求，但不耐曝晒。杜鹃花抽梢一般在春秋两季，以春梢为主。最适宜的生长温度为 15～20℃，4～5 月开花，杜鹃花耐修剪。一般在 5 月份前修剪，所发新梢，当年均可形成花蕾，过晚则影响开花。

3. 繁殖方法　常用播种、扦插和嫁接法繁殖，也可行压条和分株。播种，常绿杜鹃类最好随采随播，落叶杜鹃亦可将种子贮藏至翌年春播。气温 15～20℃时，约 20 天出苗。扦插繁殖，一般于 5～6 月间选当年生半木质化枝条作插穗，插后遮荫处理，在温度 25℃左右的条件下，1 个月余即可生根。西鹃生根较慢，需 60～70 天。嫁接繁殖，西鹃繁殖采用较多，常行嫩枝劈接繁殖，嫁接时间不太受限，砧木多用二年生毛鹃，成活率可达 90％以上。

4. 应用 杜鹃枝繁叶茂，绮丽多姿，根桩奇特，是优良的盆景植物材料。园林中最宜配置在林缘、池畔、溪边及岩石旁成丛成片栽植，也可于疏林下散植，是花篱的上佳材料，也可经修剪培育成各种形态。近年来，园林上使用日渐增多，利用前景好。

（二十七）照山白

照山白（*Rhododendron micranthum* Turcz.）。科属：杜鹃花科，杜鹃花属。

1. 形态特征 常绿小灌木，高达 2.5 米，枝条瘦细。幼枝被细柔毛及鳞片。叶近革质，倒披针形、长圆状椭圆形至披针形，长 1.5～6 厘米，宽 0.4～2.5 厘米，顶端钝，急尖或圆，具小突尖，基部狭楔形，上面深绿色，有光泽，常被疏鳞片；下面黄绿色，被淡或深棕色有宽边的鳞片。花冠钟状，长 4～10 毫米，外面被鳞片，内面无毛，花裂片 5，较花管稍长；雄蕊 10 枚，花丝无毛；子房长 1～3 毫米，5～6 室，密被鳞片，花柱与雄蕊等长或较短，无鳞片。蒴果长圆形，长 4～8 毫米，被疏鳞片。花期 5～6 月，果期 8～11 月。

2. 生长习性 性喜阴，喜酸性土壤，耐干旱、耐寒、耐瘠薄，适应性强。生于海拔 1 000～3 000 米的山坡灌丛、山谷、峭壁及石岩。

3. 繁殖方法 多用播种繁殖。

4. 应用 枝条较细弱，且花小色白，招人喜爱，植于庭院、公园，可供盆栽观赏。枝叶入药，有祛风、通络、调经止痛、化痰止咳之效。

（二十八）海州常山

海州常山（*Clerodendrum trichotomum* Thunb.）。别名：臭梧桐。

科属：马鞭草科，大青属。

1. 形态特征 为落叶灌木或小乔木，高约 3 米或 3 米以上。茎直立，表面灰白色，皮孔细小而多，棕褐色；叶对生，广卵形至椭圆形，长 7～15 厘米，宽 5～9 厘米，先端渐尖，基部阔楔形至截形，全缘或有波状齿；上面绿色，下面淡绿色，叶脉羽状，侧脉 3～5 对，幼时两面均被白色短柔毛，老时上面光滑；聚伞花序，顶生或腋生；具长柄；花多数，有气味；萼带红色，下部合生，中部膨大，上部 5 深裂，裂片卵形以至卵状长椭圆形；花冠白色或红色，下部合生成细管，先端 5 裂，裂片长椭圆形；雄蕊 4 枚，花丝伸出；子房为不完全的 4 室，花柱伸出，柱头分叉。核果，外围萼宿存，果皮呈蓝色而多浆汁。花期 8～9月，果期 9～10 月。

2. 生长习性 性喜光，耐寒、耐旱，喜湿润、耐瘠薄土壤，但不耐水积。适应性强，栽培管理较为容易。海州常山花开时节，花朵繁密似锦，白红相间，特别是国庆节日期间，亮蓝紫色的球形果，与红、白花同时宿存在枝的顶端，可爱而艳丽，是"十一"点缀园林植物。植物配置宜丛植于庭院、溪边、路旁、山坡，是"四旁"绿化的优良树种。海州常山根、茎、叶、花入药，有祛风湿、清热利尿、止痛、平肝降压之效。

3. 繁殖方法 海州常山以分株、播种、扦插等方法进行繁殖。实生苗需 3～5 年后可开花，而分株苗当年便可开花。为了保持海州常山生长旺盛，将植株栽于光照条件好、土壤深厚的环境下，栽植土壤增施适当有机肥，并在生长的初期保持水分供给，保证成活。每年为了促进植株萌芽，扩大株丛，须增追施氮肥，促进枝条旺盛生长。由于枝条萌芽力强，于生长早期适当剪去主干或摘去顶芽，从而促进侧枝萌生。在生长旺盛，花蕾尚未形成之前，通过修剪来保持株形圆润。秋季不要大量施氮肥，以增加植株抗寒能力，从而有利于越冬防寒。

4. 应用 海州常山根、茎、叶、花可入药，有清热利尿、止痛、祛风湿、平肝降压之效果。海州常山花序较大，花果美丽，一株树上花果共存，白、红、蓝色泽亮丽，花果期较长，植株茂盛，为良好的观赏花木。林植、群植、丛植、孤植均可，是配置园林植物的良好材料。

（二十九）忍冬

忍冬（*Lonicera japonica* Thunb.）。别名：金银花。

科属：忍冬科，忍冬属。

1. 形态特征 为半常绿藤本植物；幼枝密被黄褐色糙毛、腺毛和短柔毛，下部常无毛。叶纸质、卵形至矩圆状卵形、有时卵状披针形、稀圆卵形或倒卵形，极少有一至数个钝缺刻，长3～9.5厘米，顶端尖或渐尖，叶柄长4～8毫米，密被短柔毛。总花梗通常单生于小枝上部叶腋，与叶柄等长或稍较短，下方者则长达2～4厘米，密被短柔毛，并夹杂腺毛；花冠为白色，有时基部向阳面呈微红色，后变黄色，长2～6厘米，唇形，筒稍长于唇瓣，很少近等长，外被多少倒生的开展或半开展糙毛和长腺毛，上唇裂片顶端钝形，下唇带状而反曲；雄蕊和花柱均高出花冠。果实圆形，直径6～7毫米，熟时蓝黑色，有光泽；种子卵圆形或椭圆形，褐色。花期4～6月（秋季亦常开花），果熟期10～11月。

2. 生长习性 原产我国，广布各省、自治区、直辖市。温带及亚热带树种，适应性强，喜阳、耐阴、耐寒、耐干旱和水湿，对土壤要求不甚严，但以湿润、肥沃的深厚沙质壤最佳，酸性、盐碱地均能生长。每年春夏两次发梢。根系繁密而发达，萌蘖性较强，其茎蔓着地即能生根。忍冬是一种很好的固土护坡保水的植物，山坡、河堤等处都可栽植。

3. 繁殖方法 金银花的繁殖多采用种子繁殖或营养繁殖，为获优质丰产，必选择优良品种。种子繁殖，较费工费时，生长速度缓慢，加之金银花主要以花入药，大多不让其结籽。生产中多不采用。营养繁殖有扦插、压条、分株3种方法，其中扦插法简单易行，容易成活，生产上使用得最多。压条繁殖法、分株繁殖法两者在生产中多不采用。

扦插繁殖在夏、秋阴雨季节，选取1～2年生健壮且无病虫害的枝条，剪成30厘米长，摘去中下部叶片，按穴距1.3米，每穴放10～15根插条，露出地面10厘米左右，填土压紧，浇水，直接栽植在山坡、地堰等处，保持土壤湿润，半月左右即长出新根。

扦插育苗时一年四季除严冬外均可。选湿润、肥沃、灌溉方便沙壤土，以有机肥作基肥，翻耕平整耙细作苗床。按行距25～30厘米开沟，沟深15～20厘米，将截好的插条均匀地排列在沟中，插条之间有空隙即可。填上踏实，地上露出5厘米左右，即浇透水，若气温在20℃左右，保持土壤湿润，15天即能生根发芽。

4. 应用 忍冬花性甘寒，有消炎退肿、清热解毒的疗效，对细菌性痢疾和各种化脓性疾病都有效果。暑季用以代茶，能治温热痧痘、血痢等疾病。茎藤称"忍冬藤"也可入药用。园林上也可片植、丛植、孤植、群植，为著名香花树种。

（三十）小叶六道木

小叶六道木（*Abelia parvifolia* Hemsl.）。科属：忍冬科，六道木属。

1. 形态特征　落叶小灌木或小乔木，高 1～4 米；枝细，多分枝，幼枝红褐色，被短柔毛。叶有时 3 枚轮生，革质，卵形、狭卵形或披针形，长 1～2.5 厘米，顶端钝，基部圆至阔楔形，近全缘或具 2～3 对不明显的浅圆齿，边缘内卷，两面疏被硬毛，下面中脉基部密生白色长柔毛；叶柄短。聚伞花序着生于侧枝上部叶腋；萼筒被短柔毛；花冠粉红色至浅紫色，狭钟形，外被短柔毛及腺毛，蕾时花冠弯曲，5 裂，裂片圆齿形；雄蕊 4 枚，二强雄蕊；花柱细长，柱头达花冠筒喉部。果实长约 6 毫米，被短柔毛。花期 4～5 月，果熟期 8～9 月。

2. 生长习性　喜温暖、湿润气候，耐阴、耐寒、耐修剪、耐旱、耐瘠薄，生长快，根系发达，萌芽力、萌蘖力均较强。在空旷地、溪边、疏林或岩石缝中均能很好生长。生于海拔 240～2 000 米的林缘、路边、草坡、岩石旁或山谷等地。广布于陕西、甘肃、福建、湖北、贵州、四川、云南等省（自治区）。

3. 繁殖方法　如点缀景观，则宜修剪成圆球状，在主干上培养 2～3 个小枝；如做绿篱，应剪成长方形的树篱。小叶六道木新品种萌蘖力强，生长势较旺盛，要及时剪掉基部的萌枝。生长季节修剪控制枝条生长，以防止徒长，以轻剪为主，如短截、摘心等，促进发芽及花芽分化，从而延长花期。

4. 应用　小叶六道木可丛植，做花篱。枝控制其徒长，抽出的分枝适当多留，侧枝也应多留，作为开花枝。新梢徒长的，可喷比久、多效唑、矮壮素等生长调节剂。同时，剪除枯枝、病虫枝、交叉枝、密生枝、徒长枝等，改善通风透光条件。进入休眠期，则以整形为主，植株修剪成冠幅圆满、高度一致、枝条分布均匀的树形，增强植株观赏效果。全株可入药。

（三十一）南方六道木

南方六道木 [*Zabelia dielsii* (Graebn.) Makino.]。科属：忍冬科，六道木属。

1. 形态特征 落叶小灌木，高 2～3 米；当年小枝红褐色，后灰白色。叶矩圆形、长卵形、倒卵形、椭圆形至披针形，变化大，长 3～8 厘米，宽 0.5～3 厘米；叶柄长 4～7 毫米，基部膨大，散生硬毛。花 2 朵生于侧枝顶部叶腋；总花梗长 1.2 厘米；花梗极短或几无；苞片 3，形小而有纤毛，中央 1 枚长 6 毫米，侧生者长 1 毫米；萼筒长约 8 毫米，散生硬毛，萼檐 4 裂，裂片卵状披针形或倒卵形，基部楔形；花冠白色，后变浅黄色，4 裂，裂片圆形；雄蕊 4 枚，二强雄蕊，花丝较短；果实长 1～1.5 厘米；种子柱状。花期 4 月下旬至 6 月上旬，果熟期 8～9 月。

2. 生长习性 多生于海拔 800～3 700 米干旱山坡灌丛中、林缘草甸、冷杉林下、林中、路边林中草地、山谷灌丛中、山坡、山坡草甸、山坡灌丛、松林中、松林中灌丛、云杉林中。

3. 繁殖方法 参见小叶六道木。

4. 应用 参见小叶六道木。

（三十二）连翘

连翘 ［*Forsythia suspensa*（Thunb.）Vahl.］。科属：木犀科，连翘属。

1. 形态特征 为落叶小灌木。枝开展，棕褐色，小枝黄色或灰褐色，略四棱形，疏生皮孔，节间中空，节部具实心髓。叶通常为单叶，叶片卵形、宽卵形或椭圆状卵形至椭圆形，长 2～10 厘米，宽 1.5～5 厘米，先端锐尖，基部圆形、宽楔形至楔形；叶柄长 0.8～1.5 厘米，无毛。花通常单生或 2 至数朵着生于叶腋，先于叶开放，纯式花相；花梗长 5～6 毫米；花萼绿色，裂片长圆形或长圆状椭圆形，长 5～7 毫米，先端钝或锐尖，边缘具睫毛；花冠黄色，裂片倒卵状长圆形或长圆形，长 1.2～2 厘米，宽 6～10 毫米；雌蕊长 5～7 毫米，雄蕊长 3～5 毫米。果卵球形、卵状椭圆形或长椭圆形，长 1.2～2.5 厘米，宽 0.6～

1.2厘米，先端喙状渐尖，表面疏生皮孔；果梗长0.7～1.5厘米。花期3～4月，果期7～9月。

2. 生态习性 性喜光，稍耐阴；喜温暖湿润气候，耐寒、耐干旱、耐瘠薄，不耐涝；在中性、微酸或碱性土壤均能正常生长。在有土的石缝或干旱阳坡，甚至在基岩或紫色沙页岩的风化母质上都能很好生长。连翘耐寒力强，经抗寒锻炼后，可耐受－50℃低温，成为北方园林绿化的佼佼者；连翘萌发力较强、发丛较快，可很快扩大其分布面积。

3. 繁殖方法 连翘可用种子、扦插、压条、分株等方法进行繁殖，生产上以种子、扦插繁殖为主。

种子繁殖时要选择优势母株。一般于9月中下旬到10月上旬采集饱满成熟的果实，贮藏留种。在播前可进行催芽处理。选择成熟饱满的种子，放到30℃左右温水中浸泡4小时左右，捞出后掺湿沙3倍用木箱或小缸装好，上面封盖塑料薄膜，置于背风向阳处，每天翻动2次，经常保持湿润，10多天后，种子萌芽，即可播种。每亩用种量2～3千克。覆土不能过厚，一般为1厘米左右，然后再覆草保湿。种子出土后揭草。苗高10厘米时，定苗，第二年4月上旬苗高30厘米左右时可进行大田移栽。

压条繁殖在春季将植株下垂枝条压埋入土中，次年春剪离母株定植。每年花后应剪除枯枝、弱枝及过密、过老枝条，同时注意根际施肥。

插条繁殖于秋季落叶后或春季发芽前，均可扦插，以春季为好。选1～2年生的健壮嫩枝，剪成15～20厘米长的插穗。为提高扦插成活率，用500毫克/千克ABT生根粉或500～1 000毫克/千克吲哚丁酸溶液，将插穗基部速蘸10秒钟，取出晾干待插。正常管理，扦插成苗率高达90%左右。

分株繁殖于"霜降"后或春季发芽前，将3年以上的树旁萌发的幼条，整棵树刨出进行分株移栽。一般一株能分栽3～5株。每棵分出的小株都带一点须根。

4. 应用　连翘树姿优美、生长旺盛。早春先叶开花，花期长，花量多，盛开时满枝金黄，芬芳四溢，令人赏心悦目，是早春优良观花灌木，也可以做成花篱、花丛、花坛等，在城镇绿化美化方面应用较为广泛，也是现代园林和观光农业难得的优良树种。

不仅如此，连翘有良好的水土保持作用，还是国家推荐的退耕还林优良生态树种和黄土高原防治水土流失的最佳经济作物之一。

连翘富含易被人体吸收、消化的油酸和亚油酸，油味芳香，精炼后是良好的食用油。连翘提取物可作为天然防腐剂用于食品保鲜，延长食品的保质期。连翘还具有药用价值。

（三十三）流苏树

流苏树（*Chionanthus retusus* Lindl. et Paxt.）。科属：木犀科，流苏树属。

1. 形态特征　落叶灌木或小乔木，高可达 20 米。小枝灰褐色或黑灰色，圆柱形，开展，无毛，幼枝淡黄色或褐色，疏被或密被短柔毛。叶片革质或薄革质，长圆形、椭圆形或圆形，有时卵形或倒卵形至倒卵状披针形，长 3～12 厘米，宽 2～6.5 厘米，先端圆钝，有时凹入或锐尖，基部圆或宽楔形至楔形，稀浅心形，全缘或有小锯齿，叶缘稍反卷。聚伞状圆锥花序，长 3～12 厘米，顶生于枝端；雄蕊藏于管内或稍伸出，花丝长在 0.5 毫米之下，花长 1.2～2.5 厘米，花梗长 0.5～2 厘米，纤细，无毛；花冠白色，4 深裂，裂片线状倒披针形，长 1～2.5 厘米，花药长卵形，长 1.5～2 毫米；子房卵形，长 1.5～2 毫米。果椭圆形，被白粉，长 1～1.5 厘米，径 6～10 毫米，呈蓝黑色或黑色。花期 3～6 月，果期 6～11 月。

2. 生长习性　性喜光，不耐阴，耐寒、耐瘠薄、耐旱，忌水积，生长速度慢，寿命长。对土壤要求不很严，但以在通透性好而又肥沃的沙壤土中生长为佳，有一定的耐盐碱能力。多生于海拔 3 000 米以下的稀疏混交林中或灌丛中，或山坡、河边。各地有栽培。

3. 繁殖方法　用扦插、播种或嫁接法繁殖。扦插宜在夏季进行。嫁接以女贞或白蜡为砧木。播种通常种子采后即可播，或经沙藏层积后熟，于次年春季播种。扦插宜在梅雨季节进行，选取当年生粗壮半成熟枝条，于露地沙质壤土中扦插。苗木移栽在春秋两季均可，小苗及中等苗需带宿土移栽，大苗要带土球，以利成活。

4. 应用　流苏树植株高大优美，枝叶繁茂，花期如雪，花形纤细，秀丽可爱，气味芳香，是优良的园林观赏树种，不论群植、点缀、列植均有很好的观赏效果。既可丛植于草坪中数株，也宜于水畔、路旁、建筑物、林缘周围散植。流苏树作行道树栽培，效果上佳。适合以常绿树种作背景衬托，观赏效果更佳。流苏树还可以进行盆栽，用来制作盆景。有研究表明，用流苏树作砧木嫁接桂花，亲和力好，冠形紧凑，抗旱又抗寒，适应性较强，寿命长。而用白蜡、女贞嫁接桂花则冬季落叶，花少颜色不浓，寿命短，开花晚，根系不发达，不易做盆景。流苏嫩叶可做茶。

（三十四）紫丁香

紫丁香（*Syringa oblata*）。别名：百结、情客、子丁香。科属：木犀科，丁香属。

1. 形态特征　落叶灌木或小乔木，高可达 4～5 米。树皮暗灰或灰褐色。枝粗壮，光滑无毛，灰色，假二叉分枝。单叶对生，椭圆形或圆卵形，端锐尖，基部心脏形，薄革质或厚纸质，全缘。圆锥花序长 6～15 厘米；花萼钟状，有 4 齿；花冠紫色，端 4 裂开展；花药生于花冠中部或中上部。蒴果长圆形，顶端尖，平滑。花期 4 月。

2. 生长习性　多生于山沟溪边、山坡丛林、滩地水边及山谷路旁。长江以北各庭园普遍栽培。喜温暖、湿润及阳光充足，有一定耐寒力。性喜光，稍耐阴（遮荫处开花少），有较强的耐旱力。对土壤的要求不很严，耐瘠薄，喜肥沃、排水良好的土壤，长时间积水会引起病害，直至全株死亡。

3. 繁殖方法　播种、扦插、嫁接、分株、压条繁殖。播种苗不易保持原有性状，但常有新的花色出现；种子须经层积处理，次春播种。夏季用嫩枝扦插，成活率很高。紫丁香嫁接为主要的繁殖方法，华北地区以小叶女贞做砧木，用枝接、靠接、芽接均可。

播种可在春、秋两季于室内盆播或露地畦播。播种前需将种子在0～7℃的条件下沙藏1～2个月，播后半个月即出苗。无论室内盆播，还是露地条播，当出苗后长出4～5对叶片时，需进行分盆移栽或间苗。

扦插可于花后1个月进行，选当年生半木质化健壮无病虫的枝条做插穗，插穗长15厘米左右，插后用塑料薄膜覆盖，1月后即可生根。扦插也可在秋、冬季用充分木质化枝条作插穗，一般在露地埋藏，次春扦插。嫁接可用枝接或芽接，砧木多用小叶女贞或欧洲丁香。

4. 应用　丁香为著名的观赏花木之一，花香袭人。欧、美园林中广为栽培。在中国的园林中也占有重要位置。园林中可植于建筑物的南向窗外，开花时清香入室，沁人肺腑。紫丁香为中国特有的名贵花木，已有1 000多年的栽培历史。其植株丰满秀丽，枝叶茂密，且具独特的芳香，广泛配置于庭园、厂矿、机关、居民区等地。常丛植于建筑前作基础种植；也可散植于草坪之中、园路两旁；也可与其他种类丁香植物配植成专类园丁香园；还可盆栽、促成栽培、切花等用。

（三十五）小叶丁香

小叶丁香（*Syringa pubescens ssp* Microphylla.）。科属：木

犀科，丁香属。

1. 形态特征 灌木，高 1~4 米；树皮灰褐色。小枝无毛，疏生皮孔。叶片卵形、椭圆状卵形、菱状卵形或卵圆形。长 1.5~8 厘米，宽 1~5 厘米，先端锐尖至渐尖或钝，基部宽楔形至圆形，叶缘具睫毛，常沿叶脉或叶脉基部密被或疏被柔毛，或为须状柔毛；叶柄长 0.5~2 厘米，细弱，无毛或被柔毛。直立圆锥花序，常由侧芽抽生，稀顶生，长 5~16 厘米，宽 3~5 厘米；花序轴与花梗略紫红，无毛，稀有略被柔毛或短柔毛；花冠紫色，盛开时呈淡紫色，后渐近白色，长 0.9~1.8 厘米，花药紫色，长约 2.5 毫米。果通常为长椭圆形，长 0.7~2 厘米，宽 3~5 毫米，先端锐尖或具小尖头，或渐尖，皮孔显著。花期 5~6 月，果期 6~8 月。

2. 生长习性 小叶丁香喜光，也耐半阴。适应性较强，耐寒、耐旱、耐瘠薄，病虫害少。以排水良好、疏松的中性土壤为佳。忌酸性土，忌湿热积涝。

3. 繁殖方法 小叶丁香可用播种、嫁接、扦插、压条和分株法等繁殖。播种于春、秋两季均可进行，播种前将种子在 0~7℃的条件下沙藏 1~2 个月。扦插即选当年生半木质化健壮枝条作插穗。嫁接于 6 月下旬至 7 月中旬进行，可用枝接或芽接，砧木多用小叶女贞或欧洲丁香。

4. 应用 小叶丁香枝条柔细细弱，花色鲜艳，树姿秀丽，且一年两度开花，适度解决了夏秋无花的现状，为园林中优良的花灌木。适于种植在居住区、庭园、医院、幼儿园、学校或其他园林、风景区。可丛植、孤植或在草坪、路边、角隅、林缘成片栽植。丁香花是哈尔滨市花，故此，哈尔滨有个雅称叫"丁香城"。

（三十六）暴马丁香

暴马丁香 [*Syringa reticulata* （Blume） H. Hara *var. amu-*

rensis (Rupr.) J. S. Pringle]。科属：木犀科，丁香属。

1. 形态特征　为落叶小乔木或大乔木，高可达 4～15 米，具直立或开展枝条；树皮紫灰褐色，具细裂纹。枝灰褐色，无毛，二年生枝棕褐色，光亮，无毛，具较密皮孔。叶片厚纸质，宽卵形、卵形至椭圆状卵形，或为长圆状披针形，长 2.5～13 厘米，宽 1～8 厘米，叶柄长 1～2.5 厘米，无毛；圆锥花序，长 10～27 厘米，宽 8～20 厘米；花序轴无毛，具皮孔；花萼长 1.5～2 毫米，萼齿钝、凸尖或截平；花冠白色，呈辐状，长 4～5 毫米，花丝与花冠裂片近等长或长于裂片可达 1.5 毫米，花药黄色。果长椭圆形，长 1.5～2.5 厘米，先端常钝，或为锐尖、凸尖，光滑或具细小皮孔。花期 6～7 月，果期 8～10 月。

2. 生长习性　生于山沟溪边、山坡丛林、滩地水边及山谷路旁。性喜光，喜温暖湿润及阳光充足的地方。稍耐阴，阴处花少。具有一定耐寒性和较强的耐旱力。对土壤的要求不很严，耐瘠薄，喜肥沃、排水良好的土壤，忌积水，积水会引起病害，以致全株死亡。落叶后萌动前裸根移植，选土壤肥沃、排水良好的向阳处种植。庭园院落普遍栽培。

3. 繁殖方法　播种前需对种子进行处理。由于种皮透气性差，可将种子用 40～45℃ 温水浸泡后，用凉水浸 2 天，再用 0.5％ 的高锰酸钾浸 20～40 分钟，在 15～20℃ 下沙藏 25～30 天后即可播种。撒播或条播均可，每平方米播种量 30 克左右，覆土 1.5 厘米左右。覆土后浇透水，移栽栽苗时要注意使根系舒展，不要窝根，然后踏实、填土、灌水，注意除草松土。

4. 应用　见小叶丁香。

二、观果类

(一) 大叶小檗

大叶小檗（*Berberis ferdinandi-coburgii*）。科属：小檗科，

小檗属。

1. 形态特征　常绿灌木，高约2米。老枝具棱槽，茎刺细弱，三分叉，长7～15毫米，腹面具槽。叶革质，椭圆状倒披针形，长4～9厘米，宽1.5～2.5厘米，具一刺尖，基部楔形，中脉和侧脉凹陷，背面棕黄色，中脉和侧脉隆起，两面网脉显著；叶柄长2～4毫米。花8～18朵簇生；花黄色；花瓣狭倒卵形，长3.5～4.5毫米，宽1.5～2.5毫米，先端缺裂；雄蕊长约3毫米，药隔先端平截；胚珠单生，近无柄。浆果黑色、椭圆形或卵形，长7～8毫米，直径5～6毫米，顶端具明显宿存花柱，不被白粉或有时微被白粉。花、果期6～10月。

2. 生长习性　性耐寒、耐湿。多生于山沟间谷地、山麓、灌丛间、林缘、林下。

3. 繁殖方法　大叶小檗的繁殖可采用播种法和扦插法进行，播种法简单易行，且一次能获得大量的种苗，较为常用。

播种一般于4月中下旬进行。3月中旬，提前对种子进行处理。将种子放在35℃的温水中浸泡48小时后捞出，与经过消毒处理的湿沙进行混合，比例为1：4，然后将其堆放于背风向阳处，上覆盖草帘，保持沙子湿润，每10天左右翻一次。播种前对土壤进行深翻处理，并用五氯硝基苯进行消毒处理。播种时要均匀一致，播后即覆土，轻轻踏实后灌溉一次透水。15天左右可出苗，待苗长至10厘米高时，可间苗，使株距保持在10厘米左右。养护中要及时除草，可每月施用一次三元复合肥，适时进行灌溉，使土壤保持适当墒情。

4. 应用　可栽种于花境、花坛、花丛中，也可用作花篱、绿篱。

（二）细叶小檗

细叶小檗（*Berberis poiretii* Schneid.）。科属：小檗科，小檗属。

1. 形态特征　落叶灌木，高 1～2 米。老枝灰黄，幼枝紫褐，生黑色疣点，具条棱；茎刺缺或单一，有时有三分叉，长 4～9 毫米。叶纸质、倒披针形至狭倒披针形，偶披针状匙形，长 1.5～4 厘米，宽 5～10 毫米，先端渐尖或急尖，基部渐狭。穗状总状花序具 8～15 朵花，长 3～6 厘米，常下垂；花梗长 3～6 毫米，无毛；花黄色；苞片条形；萼片 2 轮，外萼片椭圆形或长圆状卵形，内萼片长圆状椭圆形；花瓣倒卵形或椭圆形，长约 3 毫米，宽约 1.5 毫米，先端锐裂，略呈爪状，具 2 枚分离腺体；雄蕊长约 2 毫米，药隔先端不延伸，平截；胚珠通常单生，有时 2 枚。浆果长圆形、红色，长约 9 毫米，直径 4～5 毫米，顶端无宿存花柱，不被白粉。花期 5～6 月，果期 7～9 月。

2. 生长习性　性喜光，耐旱，耐寒。对土壤要求不严，而以肥沃而排水良好的沙质壤土上生长最好。萌芽力强，耐修剪。多生于山地灌丛、草原化荒漠、砾质地、山沟河岸或林下。

3. 繁殖方法　主要用播种繁殖和扦插繁殖，播种繁殖在春秋季节播种均可。扦插多用半熟枝条于 7～9 月进行，采用带踵扦插成活率较高。还可用压条法繁殖。定植时应进行适当修剪，促使其多发枝，生长旺盛。

4. 应用　多用于绿篱、庭院观赏把玩，果实红润晶莹，观赏价值高。根、根皮可入药。细叶小檗的根和茎可用于黄疸、痢疾、关节肿痛等症的治疗。

（三）首阳小檗

首阳小檗（*Berberis dielsiana* Fedde.）。科属：小檗科，小檗属。

1. 形态特征　落叶小灌木，高 1～3 米。老枝灰褐色，有棱槽，疏生疣点，幼枝紫红；叶薄纸质，椭圆形或椭圆状披针形，长 4～9 厘米，宽 1～2 厘米，先端渐尖，基部渐狭，叶缘平展，每边具 8～20 个刺齿，叶柄长约 1 厘米。总状花序具 6～20 朵花，长 5～6 厘米，包括总梗长 4～15 毫米，无毛；花梗长 3～5 毫米，无毛；花黄色；萼片 2 轮，外萼片长圆状卵形，长 2～2.5 毫米，宽 0.8～1 毫米，先端急尖；内萼片倒卵形，长 4～4.5 毫米，宽约 3 毫米；花瓣椭圆形，长 5～5.5 毫米，宽约 3 毫米，先端缺裂，基部具 2 枚分离腺体；雄蕊长约 3 毫米，药隔不延伸，先端平截；胚珠 2 枚。浆果长圆形，红色，长 8～9 毫米，直径 4～5 毫米，顶端不具宿存花柱，不被白粉。花期 4～5 月，果期 8～9 月。

2. 生长习性　多生长于海拔 600～2 300 米的山坡、山谷灌丛中、山沟溪旁或林中。

3. 繁殖方法　可采用播种、扦插等方式繁殖。

4. 应用　根可入药，有清热、退火、抗菌的功效。

（四）直穗小檗

直穗小檗（*Berberis dasystachya* Maxim.）。科属：小檗科，小檗属。

1. 形态特征　落叶灌木，高 2～3 米。老枝圆柱形，黄褐色，有稀疏小疣点，幼枝紫红；茎刺单一，长 5～15 毫米，有时缺如或偶有三分叉，长可达 4 厘米。叶纸质，叶片长圆状椭圆形、宽椭圆形或近圆形，长 3～6 厘米，宽 2.5～4 厘米，中脉明显隆起，不被白粉，两面网脉显著，无毛，叶缘平展，每边具 25～50 细小刺齿；叶柄长 1～4 厘米。总状花序直立，具 15～30 朵花，长 4～7 厘米，包括总梗长 1～2 厘米，无毛；花梗 4～7 毫米；花黄色；花瓣倒卵形，长约 4 毫米，宽约 2.5 毫米，先端全缘，基部缢缩呈爪状，具 2 枚分离长圆状椭圆形腺体；雄蕊长约 2.5 毫米，药隔先端不延伸，平截；胚珠 1～2 枚。浆果椭圆形，长 6～7 毫米，直径 5～5.5 毫米，红色，顶端无宿存花柱，不被白粉。花期 4～6 月，果期 6～9 月。

2. 生长习性　主产于甘肃、青海、湖北、宁夏、四川、河南、河北、陕西、山西等地。多生于海拔 800～3 400 米的向阳山谷溪旁、山地灌丛中林下、林缘、草丛中。由于根皮及茎皮含小檗碱，可供药用。

3. 繁殖方法　目前尚未由人工引种栽培。

4. 应用　除作为园林观赏植物外，还有药用价值。根皮（黄刺皮）、茎内皮可清热燥湿，泻火解毒。用于泄泻、痢疾、黄疸、带下病、关节痛。

（五）西府海棠

西府海棠（*Malus micromalus*）。科属：蔷薇科，苹果属。

1. 形态特征　小乔木，高达 2.5～5 米，小枝细弱圆柱形，嫩时被短柔毛，老时脱落，紫红色或暗褐色，具稀疏皮孔；冬芽卵形，先端急尖，无毛或仅边缘有绒毛，暗紫色。叶片长椭圆形或椭圆形，长 5～10 厘米，宽 2.5～5 厘米，先端急尖或渐尖，基部楔形稀近圆形，边缘有尖锐锯齿，嫩叶被短柔毛，下面较密，老时脱落；叶柄长 2～3.5 厘米；托叶膜质，线状披针形，先端渐尖，边缘有疏生腺齿，近于无毛，早落。伞形总状花序，有花 4～7 朵，集生于小枝顶端，花梗长 2～3 厘米，嫩时被长柔毛，逐渐脱落；苞片膜质，早落；花直径约 4 厘米；花瓣近圆形或长椭圆形，长约 1.5 厘米，基部有短爪，粉红色；雄蕊约 20枚，花丝长短不一，比花瓣稍短；花柱 5，基部具绒毛，约与雄蕊等长。果实近球形，直径 1～1.5 厘米，红色，萼片多数脱落，少数宿存。花期 4～5 月，果期 8～9 月。

2. 生长习性　西府海棠性喜光，耐寒，忌水涝，忌空气过湿，较耐干旱。

3. 繁殖方法　西府海棠常以分株或嫁接繁殖，亦可用压条、播种及根插等方法繁殖。用嫁接所得苗木，开花可以提早，并能保持原有的优良特性。

在播种前，必须经过 1～3 月的低温层积处理方可。充分层积处理的种子，出苗快、整齐，而且出苗率较高。也可于秋季采果、去肉，稍晾后即播种在沙床上，让种子自然后熟。覆土深度约1厘米，再覆上塑料膜保墒，出苗后去塑料薄膜，及时撒施一层疏松肥土，苗期加强肥水管理，当年晚秋可移栽。

用播种繁殖的实生苗做砧木，进行芽接或枝接。春季发芽时进行枝接，秋季进行芽接。枝接可用劈接、切接等法。接穗选取发育充实的1年生枝条，取其中段要有2个以上饱满的芽，接后上细土盖住接穗，芽接多用T字接法，接后10天左右，凡芽新鲜，叶柄一触即落者为接活之明证，数日后可去解除扎缚物。

分株法于早春芽体萌动前或秋冬落叶后进行，从根际挖取萌生的蘖条，分切成若干单株，或将2～3条带根的萌条为一簇，进行移栽。分栽后要及时浇透、保墒，必要时予以遮荫，旱时浇水。

4. 应用　西府海棠为常见栽培的果树及观赏树。树姿直立，花朵密集。果味酸甜，可供鲜食及加工用。栽培品种多，果实形状、大小、颜色和成熟期均有差别。华北地区用作苹果或花红的砧木，生长良好，比山荆子抗旱力强。

西府海棠在海棠花类中树态峭立，似亭亭少女。花朵红粉相间，叶子嫩绿可爱，果实鲜美诱人，不论是孤植、列植、丛植均极为美观。最宜植于水滨及小庭一隅，观赏价值更好。

海棠花开娇艳动人，但一般的海棠花无香味，只有西府海棠既香又艳，是海棠中的上品。其花未开时，花蕾红艳，似胭脂点点，开后则渐变粉红，有如晓天明霞。果实称为海棠果，味形皆似山楂，酸甜可口，可鲜食或制作蜜饯。

海棠与玉兰、迎春、牡丹、桂花相伴，形成"玉棠春富贵"的之意。

（六）河南海棠

河南海棠（*Malus honanensis* Rehd.）。科属：蔷薇科，苹

果属。

1. 形态习性　灌木或小乔木，高达5～7米；小枝细弱，嫩时被稀疏绒毛，后脱落，老枝红褐色，无毛，具稀疏褐色皮孔；冬芽卵形，红褐色。叶片宽卵形至长椭卵形，长4～7厘米，宽3.5～6厘米，先端急尖，基部圆形、心形或截形，边缘有尖锐重锯齿，两侧具有3～6浅裂；叶柄长1.5～2.5厘米，被柔毛；托叶膜质，线状披针形，早落。伞形总状花序，具花5～10朵，花梗细，长1.5～3厘米，嫩时被柔毛，后脱落；花直径约1.5厘米；花瓣卵形，长7～8毫米，基部近心形，有短爪，两面无毛，粉白色；雄蕊约20枚；花柱3～4，基部合生，无毛。果实近球形，直径约8毫米，黄红色，萼片宿存。花期5月，果期8～9月。

2. 生长习性　多生于海拔800～2 600米的山坡及山谷或丛林中。山西有分布，多在太行山中条山区，武乡、垣曲、蒲县较多。四川、甘肃也有分布，河南海棠对土壤要求严格，且不耐盐碱，立枯病多。有一定的抗寒、抗旱能力。

3. 繁殖方法　河南海棠通常以嫁接或分株繁殖，亦可用压条、播种、根插等方法进行繁殖。用嫁接所得苗木，花期提早，并能保持原有的优良特性。

4. 应用　河南海棠对氟化氢、二氧化硫、硝酸雾等有毒气体有抗性，所以经常会把河南海棠花种植在城市街道两侧作为绿地用，居家摆放特别是那些刚装修的房屋，购置几盆海棠花，具有很好地减少有害气体并保持家居环境清洁之功效。

人们爱海棠，大都还是它的其观赏特性，达到一种品味、欣赏、把玩境地。正如苏轼有诗赞曰"东风袅袅泛崇光，香雾空蒙月转廊，只恐夜深花睡去，故烧高烛照红妆"。

(七) 郁李

郁李〔*Cerasus japonica*（Thunb.）Lois.〕。科属：蔷薇

科，樱属。

1. 形态特征 小灌木，高 1~1.5 米。小枝灰褐色，嫩枝绿色或绿褐色，无毛。冬芽卵形，三芽并生，无毛。叶片卵形或卵状披针形，长 3~7 厘米，宽 1.5~2.5 厘米，先端渐尖，基部圆形，边有缺刻状尖锐重锯齿，侧脉 5~8 对；叶柄长 2~3 毫米，无毛或被稀疏柔毛；托叶线形，长 4~6 毫米，边有腺齿。花 1~3 朵，簇生，花叶同开或先叶开放；花梗长 5~10 毫米，无毛或被疏柔毛；花瓣白色或粉红色，倒卵状椭圆形；雄蕊约 32 枚；花柱与雄蕊近等长，无毛。核果近球形，深红色，直径约 1 厘米；核表面光滑。花期 5 月，果期 7~8 月。

2. 生长习性 性喜光，耐旱、耐寒、耐瘠薄，生长适应性很强。对土壤要求不严，能在微碱土上生长。根萌芽力强，能自然繁殖。

3. 繁殖方法 以分株繁殖为主，也可播种、扦插和压条繁殖。

扦插繁殖时硬枝扦插比嫩枝扦插成活率要高，生长快。硬枝扦插一般在早春发芽前，选一、二年生的粗壮枝条，剪成 12~15 厘米长的插条，插入苗床中，扦插深度为插穗的 2/3~3/4，保持土壤湿润。根插多在早春进行。取郁李的根，剪成 10 厘米左右的小根段，平埋入苗床之内，覆土厚度大约 3 厘米，后覆草或地膜。当萌发出不定芽时可去掉覆盖物，加强苗期管理。

鉴于郁李的根容易产生不定芽特效，也可直接用根插繁殖。也可于 6 月上旬采种，堆熟后将种子洗净阴干，到秋季播种；还可将种子低温沙藏后，在春季露地播种。

4. 应用 郁李现多为野生，是花、果具美的春、夏季优良的观赏花木，通常选择株形矮小且分枝多的植株进行定植。郁李在园林绿化中，可为花篱、花境；既可孤植，也可群植、丛植；或植于水畔、亭院、路旁、山坡，亦或配植在阶前、屋旁、点缀于林缘、草坪周围。庭院绿化中，可配植于建筑物入口处，也可作基础种植，还可盆栽置于阳台，也可制作盆景、切花或瓶插观赏。

（八）华北珍珠梅

华北珍珠梅 [*Sorbaria kirilowii* （Regel） Maxim.]。科属：蔷薇科，珍珠梅属。

1. 形态特征 灌木，高达 3 米左右，枝条开展；小枝圆柱形，稍有弯曲，光滑无毛，幼时绿色，老时红褐色；冬芽卵形，先端急尖，无毛或近于无毛，红褐色。羽状复叶，具有小叶片13～21，连叶柄在内长 21～25 厘米，宽 7～9 厘米，光滑无毛；小叶片对生，相距 1.5～2 厘米，披针形至长圆披针形，长 4～7厘米，宽 1.5～2 厘米，小叶柄短或近于无柄，无毛；顶生大型密集的圆锥花序，分枝斜出或稍直立，直径 7～11 厘米，长15～20 厘米，无毛，微被白粉；花梗长 3～4 毫米；花直径 5～7 毫米；花瓣倒卵形或宽卵形，先端圆钝，基部宽楔形，长 4～5 毫米，白色；雄蕊 20 枚，与花瓣等长或稍短于花瓣，着生在花盘边缘；蓇葖果长圆柱形，无毛，长约 3 毫米，花柱稍侧生，向外弯曲；萼片宿存，反折，稀开展；果梗直立。花期 6～7 月，果期 9～10 月。

2. 生长习性 性喜温暖湿润气候，喜光，也稍耐阴，抗寒能力较强，对土壤要求不甚严，耐旱、耐瘠薄，喜湿润肥沃、排水良好土壤。树姿秀丽，叶片幽雅，花序大而繁茂，小花洁白如雪而芬芳，含苞欲放的球形小花蕾圆润如珠，花开似梅。

3. 繁殖方法 华北珍珠梅以分蘖和扦插为主要繁殖方式，也可播种繁育。

播种繁殖于每年 9～10 月份采种，将果实阴干，除去种壳和杂质保存。将地整细耙平，种子混土撒播后覆盖细土，随即用喷壶洒水。播种后每天洒水 1～2 次，露地育苗 3～5 天出苗。

硬枝扦插时于 4 月份，在健硕枝条上剪取插穗，长度 10～15 厘米，上端剪平口，下端剪成马蹄形，切口要平滑。20 个扎成捆，下端浸泡在浓度为 100 毫克/千克的 ABT 溶液中 1 小时。插穗垂直插入土中地表保留 3 厘米左右。插后立即浇透水，及时松土除草。插条一般 20～30 天生根发芽。

嫩枝扦插于 6～8 月份采集当年生的半木质化且无病虫嫩枝。穗条剪成长 10～12 厘米的插穗，上部留 1～3 片叶，除去下部叶片。下剪口要斜切且平滑，浸泡在浓度为 100 毫克/千克的 ABT 溶液中 1 小时。插入基质中，浇透水。当根长 10 厘米以上时减少喷水次数，经过 3～5 天炼苗，扦插繁殖苗可移栽到大田，浇一次透水，其他管理内容同硬枝扦插苗。

4. 应用 华北珍珠梅对烟尘、二氧化硫、硫化氢等有害气体有不同程度的吸收和抗性；华北珍珠梅还能散发出挥发性的植物杀菌素，在疗养场所、医院等地使用效果佳。

华北珍珠梅花序大而繁茂，是夏季优良的观花灌木，在园林绿化中可列植或丛植，适合与其他各种观赏植物搭配栽植。花序也可用作鲜切花。华北珍珠梅也是美化、净化环境的优良的观花、观果树种。

（九）西北蔷薇

西北蔷薇（*Rosa davidii* Crep.）。科属：蔷薇科，蔷薇属。

1. 形态特征 西北蔷薇是小灌木，小枝圆柱形，开展，细弱，无毛，刺直立或弯曲，通常扁而基部膨大。小叶 7～9，稀 11 或 5，连叶柄长 7～14 厘米；小叶片卵状长圆形或椭圆形，长 2.5～6 厘米，宽 1～3 厘米，先端急尖，基部近圆形或宽楔形，边缘有尖锐单锯齿。花多，排成伞房花序，花直径 2～3 厘米；柱离生，密被柔毛，外伸，比雄蕊短或近等长。果长椭圆形或长倒卵球形，顶端有长颈，直径 1～2 厘米，深红色或橘红色，有腺毛或无腺毛；果梗密被柔毛和腺毛，萼片宿存直立。花期 6～7 月，果期 9 月。

2. 生长习性 西北蔷薇喜光，亦耐半阴，较耐寒，适宜生长于排水良好的肥沃湿润场所。在中国北方大部分地区都能很好地露地越冬。对土壤要求不严格，耐旱，耐瘠薄，可在黏重土壤上正常生长。不耐水湿，忌积水。

3. 繁殖方法　西北蔷薇繁殖可选择优良品种中较老的枝条压条法育苗。压条是将植物的蔓、枝压埋于湿润的基质中，待其生根后与母株割离，形成新植株的方法。成株率高，但繁殖系数较小，多用于其他方法繁殖较困难或要繁殖较大的新株时采用。压条是对植物进行无性繁殖的一种方法。与嫁接不同，枝条保持原样不变，不脱离母株，将其一部分埋于土中，待其生根后再与母株断开。

西北蔷薇也可用嫁接法繁殖，无性繁殖的幼苗，当年即可开花。用作盆花的苗，应选择优良品种中较老的枝条。

4. 应用　西北蔷薇可以吸收废气，阻挡灰尘，净化空气。蔷薇花密，色艳，香浓，秋果红艳，是极好的垂直绿化材料，适用于布置花柱、花架、花廊和墙垣，是做绿篱的良好材料，非常适合家庭种植。

（十）黄蔷薇

黄蔷薇（*Rosa hugonis* Hemsl.）。科属：蔷薇科，蔷薇属。

1. 形态特征　黄蔷薇为小灌木，高约 2.5 米；枝常呈弓形；小枝圆柱形，无毛，皮刺扁平，常混生细密针刺。小叶 5～13 枚，连叶柄长 4～8 厘米；小叶片卵形、椭圆形或倒卵形，长 8～20 毫米，宽 5～12 毫米，两面无毛，上面中脉下陷，下面中脉突起；花直径 4～5.5 厘米；花瓣黄色，宽倒卵形，先端微凹，基部宽楔形；雄蕊多数，着生在坛状萼筒口的周围；花柱离生，被白色长柔毛，稍伸出萼筒口外面，比雄蕊短。果实扁球形，直径 12～15 毫米，紫红色至黑褐色，无毛，有光泽，萼片宿存反折。花期 5～6 月，果期 7～8 月。

2. 生长习性　黄蔷薇性强健，适应性强，不择土壤，耐寒、耐旱。喜湿润而怕湿忌涝，从萌芽到花前，可适当多浇水，花后浇水不可过多，雨季要注意排水防涝。黄蔷薇萌芽力强，生长繁茂，如修剪不及时，在闷热、潮湿、光照不足、通风不良的条件下，易罹患病虫害。

3. 繁殖方法 繁殖一般多采用扦插法，只要遮荫并保持湿润，成活率可在90%以上。也可在生长期将蔓生枝条压入土中，生根后切断另行栽植即可。有时也采用嫁接或播种法。

4. 应用 蔷薇素有"密叶翠幄重，浓花红锦张"的景色。其色泽鲜艳，气味芳香，是色香并具的观赏花木。枝干成半攀缘状，可依架攀附成各种形态，宜布置于花架、花格、辕门、花墙等处，作垂直绿化。也可修剪成小灌木状，培育用作盆花。有些品种还可培育用作切花。黄蔷薇花团锦簇、红果累累、鲜艳夺目，是重要的观赏植物。在园林中，常与其他同属种，或其他藤本花木配置为花格、花架、绿亭、绿廊等。

（十一）野蔷薇

野蔷薇（*Rosa multiflora* Thunb.）。科属：蔷薇科，蔷薇属。

1. 形态特征 野蔷薇为攀援灌木；小枝圆柱形，通常无毛，有短、粗稍弯曲皮束。小叶5～9枚，小叶片倒卵形、长圆形或卵形，长1.5～5厘米，宽8～28毫米，先端急尖或圆钝，基部近圆形或楔形，边缘有尖锐单锯齿，稀混有重锯齿，上面无毛，下面有柔毛。托叶篦齿状，大部分贴生于叶柄，边缘有或无腺毛。花多呈圆锥状花序，花梗长1.5～2.5厘米，无毛或有腺毛，有时基部有篦齿状小苞片；花直径1.5～2厘米，花瓣白色，宽倒卵形，先端微凹，基部楔形；花柱结合成束，无毛，比雄蕊稍长。果近球形，直径6～8毫米，红褐色或紫褐色，有光泽，无毛，萼片脱落。

2. 生长习性 野蔷薇性强健，耐半阴，喜光，耐寒，对土壤要求不严格，在黏重土中也可正常生长。耐瘠薄，忌低洼积水地方。以肥沃、疏松的微酸性土壤为最好。野蔷薇在阳光比较充裕的环境中，才能生长正常或生长良好，在荫蔽环境中，生长不正常，甚至死亡。

3. 繁殖方法　多用分株、扦插和压条繁殖，春季、初夏和早秋均可进行。也可播种繁殖，可秋播或沙藏后春播，播后1～2个月可发芽。

扦插时要选择生长健壮、无病虫害枝条作插穗。嫩枝扦插的插穗采后应立即扦插，以防失水萎蔫影响成活率。插穗的下面切口如果沾一些刚烧完的草木灰，也有防止腐烂的作用。

一般植物的扦插保持在20～25℃生根最快。如果能有效控制温度，一年四季均可扦插。

扦插后要切实注意使扦插基质保持湿润的状态。同时，还应注意空气的湿度，可用覆盖塑料薄膜的方法保持土壤湿度。

4. 应用　野蔷薇初夏开花，花繁叶茂、芳香清馥、千姿百态、五彩缤纷，而且适应性极强，栽培范围广，易繁殖，是较好的园林垂直绿化材料。可植于路旁及园边、地角、溪畔等处，或用于花架、花柱、篱垣、花门与栅栏绿化、山石绿化、墙面绿化、立交桥、阳台、窗台绿化等，往往密集丛生，满枝灿烂，景色上佳。

（十二）樱草蔷薇

樱草蔷薇（*Rosa primula* Boulenger.）。科属：蔷薇科，蔷薇属。

1. 形态特征　樱草蔷薇属直立小灌木，高1～2米；小枝圆柱形，细弱，无毛；有散生直立稍扁而基部膨大的皮刺。小叶9～15枚，稀7，连叶柄长3～7厘米；小叶片椭圆形、椭圆倒卵形至长椭圆形，长6～15毫米，宽3～8毫米，先端圆钝或急尖，基部近圆形或宽楔形，边缘有重锯齿，两面均无毛，下面中脉突起，密被腺点；花单生于叶腋，无苞片；花梗长 8～10 毫米，无毛；花直径 2.5～4 厘米；萼筒、萼片外面无毛，萼片披针形，先端渐尖，全缘，内面有稀疏长柔毛；花瓣淡黄或黄白色，倒卵形，先端微凹，基部宽楔形；花柱离生，被长柔毛，比雄蕊短。果卵球形或近球形，直径约 1 厘米，红色或黑褐色，无毛，萼片反折宿存，果梗长可达 1.5 厘米。花期 5～7 月，果期 7～11 月。

2. 生长习性　喜阳光，耐半阴，耐寒，适生于排水良好、肥沃湿润的地方。在中国北方大部分地区都能露地越冬。对土壤要求不严格，既耐干旱，又耐瘠薄，也可在黏重土壤上正常生长。不耐水湿，忌水积。

3. 繁殖方法　扦插时用当年嫩枝扦插育苗，容易成活。选择生长健壮没有病虫的枝条作插穗。嫩枝插的插穗采后立即扦插，以防失水萎蔫影响成活。压条是将植物的枝、蔓压埋于湿润的基质中，待其生根后与母株割离，形成新植株的方法。成株率较高，但繁殖系数较小，多在其他方法繁殖困难或要繁殖较大的新株时采用此法。

4. 应用　樱草蔷薇花可以吸收废气、阻挡灰尘、净化空气。其花密、色艳、香浓，秋果红艳，是极好的园林绿化材料，适用于布置花架、花柱、花廊和墙垣，也非常适合家庭种植。

（十三）水榆花楸

水榆花楸 [*Sorbus alnifolia* （Sieb. et Zucc.） K. Koch]。科属：蔷薇科，花楸属。

1. 形态习性　乔木，高可达 20 米；小枝圆柱形，具灰白色皮孔，幼时微具柔毛，二年生枝暗红褐色，老枝暗灰褐色，无毛；冬芽卵形，先端急尖，外具数枚暗红褐色无毛鳞片。叶片卵形至椭圆卵形，长 5～10 厘米，宽 3～6 厘米，先端短渐尖，基部宽楔形至圆形，边缘有不整齐的尖锐重锯齿，复伞房花序较疏松，具花 6～25 朵，总花梗和花梗具稀疏柔毛；花瓣卵形或近圆形，长 5～7 毫米，宽 3.5～6 毫米，先端圆钝，白色；雄蕊 20 枚，短于花瓣；花柱 2，基部或中部以下合生，光滑无毛，短于雄蕊。果实椭圆形或卵形，直径 7～10 毫米，长 10～13 毫米，红色或黄色，花期 5 月，果期 8～9 月。

2. 生长习性 宜选在排水良好、质地疏松、地下水位较低、土层深厚肥沃的中性或微酸性轻壤土栽培。

3. 繁殖方法 播种前细致整地和作床，经过处理后的混沙种子应适时早播，当平均地温达到 8～9℃时，即可播种。从播种到幼苗出齐前，保持表土湿润，含水率在 60% 左右，防止种子芽干，造成缺苗断垄。7～8 月一般为幼苗的生长旺盛期，必须供给充足的水分，每隔 2～3 天浇一次透水，经常进行除草松土。但秋季施肥时间不能过晚，促使苗木木质化，有利于苗木的越冬。水榆花楸春季起苗，即可作为绿化苗木定植或上山造林。

4. 应用 树冠圆锥形，秋季叶片转变成猩红色，为秋色叶树种。水榆花楸树体高大，干直光滑，树冠圆锥状，叶形美观，秋叶先变黄后转红，果实累累，红黄相间，十分美观。宜群植于山岭形成风景林带，也可作公园及庭院的风景树栽培。

（十四）花椒

花椒（*Zanthoxylum bungeanum* Maxim.）。科属：芸香科，花椒属。

1. 形态特征 落叶灌木或小乔木，高 3～7 米，具香气，茎干常有增大的皮刺。叶有小叶 5～13 片，叶轴常有甚狭窄的叶翼；小叶对生，无柄，卵形、椭圆形、稀披针形，位于叶轴顶部的较大，近基部的有时圆形，长 2～7 厘米，宽 1～3.5 厘米，叶缘有细裂齿，齿缝有油点。花序顶生或生于侧枝之顶，花序轴及花梗密被短柔毛或无毛；花被片 6～8 片，黄绿色，形状及大小大致相同；雄花的雄蕊 5 枚或多至 8 枚；退化雌蕊顶端叉状浅裂；雌花很少有发育雄蕊，有心皮 3 或 2 个，间有 4 个。

果紫红色，单个分果瓣径 4～5 毫米，散生微凸起的油点，顶端有甚短的芒尖或无；种子长 3.5～4.5 毫米。花期 4～5 月，果期 8～9 月或 10 月。

2. 生长习性 适宜温暖湿润及土层深厚肥厚的壤土及沙壤土，萌蘖性强、耐旱、耐寒、喜阳光，抗病能力较强，隐芽寿命较长，耐强修剪。不耐涝，短期积水可导致死亡。

3. 繁殖方法 花椒种壳坚硬，不透水，油质多，发芽比较困难，播种前要进行脱脂处理和贮藏。秋播，将种子放在碱水中浸泡，碱面 0.025 千克加 1 千克种子，注水以淹没种子为度，去庇空粒，浸泡 2 天，搓洗种皮油脂后捞出用清水冲净即可播种。播种分春播和秋播。春旱地区，在秋季土壤封冻前播种为好，出苗整齐。

嫁接一般采用枝接和芽接。芽接多用 Z 字形和 T 字形芽接，枝接常用劈接、切接、腹接等方法。

扦插育苗在已结果的花椒树上，选取 1 年生枝条作插穗。插穗可用 500 毫克/升的吲哚乙酸浸泡 30 分钟，或 500 毫克/升的萘乙酸浸泡 2 小时。经处理的插穗，生根成苗率高。

春季花椒发芽前，将 1～2 年生分蘖苗的基部环剥，埋于土内，让剥口处长出新根，经 1 个生长季后，将分蘖苗与母株分开，即可用以造林。

4. 应用 花椒可孤植，又可作防护刺篱。其果皮可作为调味料，并可提取芳香油，又可入药，种子可食用，也可加工制作肥皂。

（十五）陕甘花椒

陕甘花椒（*Sorbus koehneans Schneid*）。科属：蔷薇科，花椒属。

1. 形态特征　灌木或小乔木，高可达 4 米；小枝圆柱形，暗灰色或黑灰色，具少数不明显皮孔，无毛；冬芽长卵形，先端急尖或稍钝，外被数枚红褐色鳞片，无毛或仅先端有褐色柔毛。奇数羽状复叶，连叶柄共长 10～16 厘米，叶柄长 1～2 厘米；小叶片 8～12 对，长圆形至长圆披针形，长 1.5～3 厘米，宽 0.5～1 厘米，先端圆钝或急尖，基部偏斜圆形；复伞房花序多生在侧生短枝上，具多数花朵，总花梗和花梗有稀疏白色柔毛；花梗长 1～2 毫米；花瓣宽卵形，长 4～6 毫米，宽 3～4 毫米，先端圆钝，白色，内面微具柔毛或近无毛；雄蕊 20 枚，花柱 5，几与雄蕊等长，基部微具柔毛或无毛。果实球形，直径 6～8 毫米，白色，先端具宿存闭合萼片。花期 6 月，果期 9 月。

2. 生长习性　为温带树种。性喜湿润肥沃土壤，常生长在溪谷阴坡山林中。

3. 繁殖方法　见水榆花楸。

4. 应用　陕甘花椒枝叶秀丽，秋季结白色果实，是一种优良的园林观赏树种。可片植、丛植于假山、湖畔、林缘等地。

（十六）竹叶椒

竹叶椒（*Zanthoxylum armatum* D. C.）。科属：芸香科，花椒属。

1. 形态特征　灌木，枝光滑；皮刺对生，基部扁宽。小叶 3～5，披针形或椭圆状披针形，两端尖，顶端小叶较大，边缘有细小圆锯齿，叶轴及总柄有宽翅和皮刺。花黄绿色；雄花的花被片 6～8 枚，一轮，雄蕊 6～8 枚；雌花心皮 2～4，花柱略侧生，成熟心皮 1～2。蒴果红色，表面有粗大凸起的油腺点；种子卵形，黑色，有光泽。花期 5～6 月，果熟期 8～9 月。

2. 生长习性　生于低山疏林、灌丛中及路旁。多分布于我国华东、中南、西南及陕西、甘肃、台湾等地，南部和西南各地也有栽培。

3. 繁殖方法 见花椒。

4. 应用 因多刺，故可作为刺篱用。其根、树皮、叶、果实及种子入药。全年采根、树皮，秋季采果，夏季采叶，鲜用或晒干。可温中理气，祛风除湿，活血止痛。叶可外用治跌打肿痛，痈肿疮毒、皮肤瘙痒等症。

(十七) 红瑞木

红瑞木（*Swida alba* Opiz.）。科属：山茱萸科，梾木属。

1. 形态特征 灌木，高可达 3 米；树皮紫红色；幼枝有淡白色柔毛，后脱落被蜡状白粉，老枝红白色，散生灰白色圆形皮孔。冬芽卵状披针形，长 3～6 毫米，被灰白色或淡褐色短柔毛。叶对生，纸质，椭圆形，稀卵圆形，长 5～8.5 厘米，宽 1.8～5.5 厘米，先端突尖，基部楔形或阔楔形，边缘全缘或波状反卷，上面暗绿色，有极少的白色平贴短柔毛，下面粉绿色，被白色贴生短柔毛，有时脉腋有浅褐色髯毛，中脉在上面微凹陷，下面凸起。伞房状聚伞花序顶生，总花梗圆柱形，长 1.1～2.2 厘米，被淡白色短柔毛；花小，白色或淡黄白色，长 5～6 毫米，直径 6～8.2 毫米；花梗纤细，长 2～6.5 毫米，被淡白色短柔毛，与子房交接处有关节。核果长圆形，微扁，长约 8 毫米，直径 5.5～6 毫米，成熟时乳白色或蓝白色，花柱宿存；核棱形，侧扁，两端稍尖呈喙状，长 5 毫米，宽 3 毫米，每侧有脉纹 3 条；果梗细圆柱形，长 3～6 毫米，有疏生短柔毛。花期 6～7 月，果期 8～10 月。

2. 生长习性 多生于海拔 600～1 700 米的杂木林或针阔叶混交林之中。喜欢潮湿而又温暖的生长环境，适宜的生长温度是22～30℃。红瑞木喜肥，在排水良好、养分充足的环境，生长速度快。夏季注意排水，冬季在北方有些地区容易发生冻害。

3. 繁殖方法 用播种、扦插和压条法繁殖。播种时，种子应沙藏后于春季播种。扦插可选一年生枝，秋冬沙藏后于第二年

3~4 月扦插。压条可在 5 月将枝条环割后埋入土中，生根后在次年春季与母株割离分栽。

4. 应用 多庭院观赏、丛植。园林中多与常绿乔木相间种植或丛植于草坪上，得红绿相映之效果。枝干全年红色，是园林造景的异色树种。种子可供工业用；北方常引种的庭园观赏植物。红瑞木秋叶鲜红，小果洁白，落叶后枝干红艳如珊瑚状，是少有的观茎秆植物，也是良好的切枝材料。

（十八）毛梾

毛梾（*Cornus walteri* Wanger.）。科属：山茱萸科，梾木属。

1. 形态特征 落叶乔木，高 6~15 米；树皮厚，黑褐色，纵裂而又横裂成块状；幼枝对生，绿色，密被贴生灰白色短柔毛，老后黄绿色，无毛。冬芽腋生，扁圆锥形，长约 1.5 毫米，被灰白色短柔毛。叶对生，纸质，椭圆形、长圆椭圆形或阔卵形，长 4~12 厘米，宽 1.7~5.3 厘米，先端渐尖，基部楔形，上面深绿色，稀被贴生短柔毛；下面淡绿色，密被灰白色贴生短柔毛，中脉在上面明显，下面凸出。伞房状聚伞花序顶生，花密，宽 7~9 厘米，被灰白色短柔毛；总花梗长 1.2~2 厘米；花白色，有香味，花瓣 4 枚，长圆披针形，长 4.5~5 毫米，宽 1.2~1.5 毫米，上面无毛，下面有贴生短柔毛；雄蕊 4 枚，无毛，长 4.8~5 毫米，花丝线形，微扁，花药淡黄色，长圆卵形，2 室。核果球形，直径 6~8 毫米，成熟时黑色，近于无毛。花期 5 月，果期 9 月。

2. 生长习性 毛梾是一种阳性中生树种，多生于丘陵山地的阳坡、溪岸、半阳坡、沟谷坡地的林缘、杂灌木林及疏林中。较喜光，在阳坡和半阳坡中结果正常；在庇荫条件下，结果少或只开花不结果。对土壤条件要求不严。在弱酸、中性和弱碱的沙土至黏性土壤上均能生长。在土壤 pH5.8~8.2、排水良好、土层深厚的中性沙壤土上生长较好，较耐干旱瘠薄。深根性，根系发达。萌芽性强，当年萌条可达 2 米。不耐水渍、荫蔽和重碱土。毛梾适应的生态幅比较宽广。它适应的年均温为 8～16.5℃；能耐冬季－27℃的低温和夏季 43℃的高温；它适应的年降水量为 400～1 500 毫米，在干燥而贫瘠的山坡上也能正常生长。

3. 繁殖方法 毛梾的繁殖力比较强，通常用种子或用插根和嫁接法繁殖。生长 4～6 年的植株即开始结实，生长 10 年后的植株，平均每株可产种子 10～20 千克。30 年后进入盛果期，每株产种子 10～40 千克，高产的达 100 千克，盛果期长达 60～70年，寿命长达 300 年。种子的发芽率达 60％～80％。毛梾萌芽力很强，新枝条一年可生长 2 米多高。可移栽萌芽条扩大繁殖，较实生苗提前 1～2 年开花、结实。用插根和嫁接法繁殖效果也很好。

4. 应用 为木本油料植物，果实含油可达 27％～38％，供食用或作高级润滑油，油渣可作饲料和肥料；木材坚硬、纹理细密、美观，可用作家具、车辆、农具等；叶和树皮可提制栲胶，又可作为"四旁"绿化和水土保持树种。除叶、果实可作饲用外，其木材坚硬、纹理细致，可用作高档家具或木雕。亦是园林绿化、固土树种及蜜源植物；叶和果也是药材。

（十九）灯台树

灯台树（*Bothrocaryum controversum*）。科属：山茱萸科，灯台树属。

1. 形态特征 落叶乔木，高可达 6～15 米；树皮光滑，暗灰色或带黄灰色；枝开展，圆柱形，无毛或疏生短柔毛，有半月形的叶痕和圆形皮孔。冬芽顶生或腋生，卵圆形或圆锥形，长 3～8 毫米，无毛。叶互生，纸质，阔卵形、阔椭圆状卵形或披针状椭圆形，长 6～13 厘米，宽 3.5～9 厘米，密被淡白色平贴短柔毛，中脉在上面微凹陷，下面凸出，微带紫红色，无毛，侧脉 6～7 对。

伞房状聚伞花序，顶生，宽 7～13 厘米。花小，白色，直径 8 毫米，花瓣 4 枚，长圆披针形，长 4～4.5 毫米，宽 1～1.6 毫米，先端钝尖，外侧疏生平贴短柔毛；雄蕊 4 枚，着生于花盘外侧，与花瓣互生，长 4～5 毫米，稍伸出花外，花丝线形，白色，无毛，长 3～4 毫米，花药椭圆形，淡黄色，长约 1.8 毫米，2 室，"丁"字形着生。核果球形，直径 6～7 毫米，成熟时紫红色至蓝黑色；核骨质，球形，直径 5～6 毫米。花期 5～6 月，果期 7～8 月。

2. 生长习性　灯台树喜温暖气候及半阴环境，适应性较强，耐寒，耐热，生长快。宜在肥沃、湿润及疏松、排水良好的土壤上生长。多分布于海拔 250～2 600 米的常绿阔叶林或针阔叶混交林中。

3. 繁殖方法　灯台树采用播种法繁殖。每年 10 月份采种，堆放后熟，洗净阴干，随即播种或低温层积沙藏，于次年 3 月露地条播。行距 50～60 厘米，株距 10～15 厘米。4～5 月份便可出苗。

4. 应用　灯台树以树姿优美奇特、叶形秀丽、白花素雅，被称之为园林绿化珍品。树冠形状美观，可以作为行道树种。不仅是优良的园林绿化彩叶树种，还是我国南方著名的秋色树种。灯台树具有很高的观赏价值，是庭院、公园、风景区等绿化、置景的佳选，也是优良的集观树、观花、观叶为一体的彩叶树种。适宜在草地丛植、孤植或于夏季湿润山坡或山谷、湖（池）畔与其他树木混植营造风景树，也可在园林中作庭阴树或公路、街道两旁作行道树，更适于森林公园和自然风景区作秋色叶树种片植营造风景林。

（二十）四照花

四照花［*Dendrobenthamia japonica*（DC.）Fang var.

chinensis（Osborn.）Fang］。科属：山茱萸科，四照花属。

1. 形态特征　落叶小乔木或灌木，高 2～5 米，小枝灰褐色。叶对生，纸质，卵形、卵状椭圆形或椭圆形，先端急尖为尾状，基部圆形，表面绿色，背面粉绿色，叶脉羽状弧形上弯，侧脉 4～5 对。花期 5～6 月；头状花序近顶生，具花 20～30 朵，总苞片 4 个，大形，黄白色，花瓣状，卵形或卵状披针形，长 5～6 厘米；花萼筒状 4 裂，花瓣 4，黄色；雄蕊 4 枚，子房下位 2 室。果期 9～10 月；聚花果球形，红色，果径 2～2.5 厘米，总果梗纤细，长 5.5～6.5 厘米。

2. 生长习性　喜温暖气候和阴湿环境，适生于肥沃而排水良好的壤土。适应性较强，耐寒、耐旱、耐瘠薄。性喜光，亦耐半阴。在江南一带能露地栽植。夏季叶尖，易枯燥。

3. 繁殖方法　常用分蘖法及扦插法，也可用种子繁殖。分蘖常于春末萌芽或冬季落叶之后，将植株下的小植株分蘖，移栽定植即可。扦插于生长季节进行。3～4 月选取 1～2 年生枝条，剪取长 5～6 厘米，插于纯沙或沙质土壤中，盖上遮荫网后保湿，50 天左右可生根。播种繁殖时种子收获后随即播种或低温层积 120 天以上次年春播。因是硬粒种子，故种子应经过催芽处理。将种子浸泡后，除油皮，再加沙去蜡皮，然后沙藏，在播种前 20 天用温水浸泡催芽，春季早播，播后 3 个月可发芽。注意及时浇水、松土、除草和施肥，苗期加强田间管理。四照花枝条耐修剪，春季萌芽前可适当进行整形修剪，以利于树形美观。主要病害有叶斑病，可喷洒苯菌灵或代森锌防治。

4. 应用　四照花树形美观、整齐，可观花观果。初夏开花，白色苞片覆盖全树，微风吹动如同群蝶翩翩起舞，十分别致；秋季红果满树，能使人感受到硕果累累、丰收喜悦的气氛。可列植或孤植，观赏其叶形及花朵和红果；也可丛植于路边、草坪林缘、池畔，与常绿树混植，分外妖娆。

（二十一）山茱萸

山茱萸（*Cornus officinalis* Sieb. et Zucc.）。科属：山茱萸科，山茱萸属。

1. 形态特征　落叶小乔木或灌木，高 4～10 米；树皮灰褐色；小枝细圆柱形，无毛或稀被贴生短柔毛，冬芽顶生及腋生，卵形至披针形，被黄褐色短柔毛。叶对生，纸质，卵状披针形或卵状椭圆形，长 5.5～10 厘米，宽 2.5～4.5 厘米，中脉在上面明显，下面凸起，近于无毛，侧脉 6～7 对。

伞形花序生于枝侧，有总苞片 4，卵形，厚纸质至革质，长约 8 毫米，带紫色，两侧被短柔毛，花后脱落；花小，两性，先叶开放；花萼裂片 4，阔三角形，花瓣 4 枚，黄色，向外反卷；雄蕊 4 枚，与花瓣互生，长 1.8 毫米，花丝钻形，花药椭圆形，2 室；花盘垫状，无毛；子房下位，花托倒卵形，长约 1 毫米，密被贴生疏柔毛，花柱圆柱形，长 1.5 毫米，柱头截形；花梗纤细，长 0.5～1 厘米，密被疏柔毛。核果长椭圆形，长 1.2～1.7 厘米，直径 5～7 毫米，红色至紫红色；核骨质，狭椭圆形，长约 12 毫米，有不整齐的肋纹。花期 3～4 月，果期 9～10 月。

2. 生长习性　山茱萸适宜温暖湿润气候，具有耐阴、喜光、怕湿的特性。喜欢土层深厚、肥沃、排水良好，呈微酸性的腐殖土或壤土。平均海拔在 600～1 000 米，是山茱萸的最佳生长区。山茱萸是休眠期很短的一个树种，先花后叶。

3. 繁殖方法　由于种皮内有一层胶质，不易吸水，播种前要对种子进行处理。冬前选无病虫、饱满种子进行沙藏。翌年春，种子萌芽时下种。选好育苗地，施足基肥，深翻，整平，用秋播法播种，条距 24～30 厘米，沟深 2 厘米左右，将处理好的种子播入，覆土，浇透水。出苗前要保持畦面湿润，翌年移栽。移植宜在冬季落叶后或春季发芽前进行。当幼苗长至 3～4 片真叶时间苗。

4. 应用 山茱萸为纯式花相，先开花后展叶，秋季红果累累，艳丽悦目，绯红欲滴，为秋冬季观果佳品，园林绿化应用很受欢迎，可在庭园、花坛内单植或片植，景观效果十分美丽。盆栽观果可达 3 个月之久，在花卉市场上十分畅销。

(二十二) 猬实

猬实（*Kolkwitzia amabilis* Geaebn.）。科属：忍冬科，猬实属。

1. 形态特征 落叶灌木，株高 3 米，幼枝具柔毛，老枝树皮剥落。叶椭圆形至卵状长圆形，长 3～8 厘米，宽 1.5～5.5 厘米，近全缘或疏具浅齿，先端渐尖，基部近圆形，上面疏生短柔毛，下面脉上有柔毛。伞房状的圆锥聚伞花序生于侧枝顶端；每一聚伞花序有 2 朵花，两花的萼筒下部合生；萼筒有开展的长柔毛，在子房以上处缢缩似颈，裂片 5，钻状披针形，长 3～4 毫米，有短柔毛；花冠钟状，粉红色至紫色，喉部黄色，外有微毛，裂片 5，略不等长；雄蕊 4 枚，两长两短，内藏；子房下位，3 室，常仅 1 室发育。瘦果 2 个合生，通常只一个发育成熟，连同果梗密被刺状刚毛。5～6 月开花，着花繁密，粉红至紫色，非常艳丽。果实密被毛刺，形如刺猬，甚为别致，猬实也因此得名。果熟期 8～9 月。

2. 生长习性 性喜温暖湿润和光照充足的环境，有一定的耐寒性，－20℃地区可露地越冬。耐干旱。在肥沃而湿润的沙壤土中生长较好。喜光树种，在林荫下生长细弱，不能正常开花结实。喜温凉湿润环境，怕水涝和高温，要求湿润肥沃及排水良好的土壤。

3. 繁殖方法 可播种、扦插、分株、压条繁殖。播种应在 9 月采果，取种子用湿沙层积贮藏越冬，春播后发芽整齐。扦插可在春季选取粗壮休眠枝，或在 6～7 月间用半木质化嫩枝，露地苗床扦插，易生根成活。分株于春、秋两季均可进行，秋季分株后假植到春天栽植，易于成活。苗木移栽，从秋季落叶后到次年早春萌芽前都可进行。雨季注意排水，开花后适当疏剪，促来年花果艳丽。

4. 应用 猬实是我国特产的著名观花植物，为中西部特色花木。猬实花密色艳，花期正值初夏百花凋谢之时，故更感可贵。宜露地丛植，宜可盆栽或做切花。夏秋全树挂满形如刺猬的小果，在园林中可于角坪、草坪、山石旁、角隅、园路交叉口、亭廊附近列植或丛植，也可盆栽或做切花用。

（二十三）金银忍冬

金银忍冬 [*Lonicera maackii* （Rupr.）Maxim.]。科属：忍冬科，忍冬属。

1. 形态特征 落叶灌木，高可达 6 米，茎干直径达 10 厘米；冬芽小，卵圆形，有 5～6 对或更多鳞片。叶纸质，通常卵状椭圆形至卵状披针形，稀矩圆状披针形或倒卵状矩圆形，长 5～8 厘米，顶端渐尖或长渐尖，基部宽楔形至圆形；叶柄长 2～8 毫米。花生于幼枝叶腋，总花梗长 1～2 毫米，短于叶柄；苞片条形，有时条状倒披针形而呈叶状，长 3～6 毫米；花冠先白色后变为黄色，长约 2 厘米，雄蕊与花柱长约达花冠的 2/3，花丝中部以下和花柱均有向上的柔毛。果实红色，圆形。花期 5～6 月，果熟期 8～10 月。

2. 生长习性 性喜强光，稍耐旱，但在微潮偏干的环境中生长良好。喜温暖的环境，较耐寒，在中国北方大部分地区可露地越冬。环境通风良好的场所有助于植株的光合作用。

3. 繁殖方法 金银忍冬有播种和扦插两种繁殖方法。播种于每年 10～11 月采集充分成熟的种子，将果实捣碎、淘洗、去果肉，水选种子，阴干，至翌年 1 月中、下旬，取出种子催芽处理。先用温汤浸种 3 小时，捞出后拌入 2～3 倍的湿沙，放置背风向阳处增温催芽，盖塑料薄膜。3 月中、下旬，种子萌动时即可播种。

扦插一般多用秋末硬枝扦插，用阳畦或小拱棚保湿保温。10~11月取当年生壮枝，剪成长10厘米左右的插条，插深为插条的3/4，插后浇一次透水。一般封冻前能生根，次年3~4月份萌芽可抽枝。也可在6月中、下旬进行嫩枝扦插，管理得当，成活率也较高。

4. 应用 金银忍冬花果都有较高的观赏价值。春天可赏花，秋天可观果。春末夏初层层开花，花朵清雅芳馥，引来蜂飞蝶绕，因而金银木又是优良的蜜源树种。金秋红果挂满枝条，煞是惹人喜爱，也为鸟儿提供了美食。在园林中，常将金银忍冬丛植于山坡、草坪、林缘、路边或点缀于建筑周围，做基础种植。

（二十四）华北忍冬

华北忍冬（*Lonicera tatarinowii*）。科属：忍冬科，忍冬属。

1. 形态特征 落叶灌木，高可达2米；幼枝、叶柄和总花梗均无毛。冬芽有7~8对宿存。叶矩圆状披针形或矩圆形，长3~7厘米，顶端尖至渐尖，基部阔楔形至圆形，上面无毛，下面除中脉外有灰白色细绒毛，后毛变稀或秃净；叶柄长2~5毫米。总花梗纤细，长1~2.5厘米；苞片三角状披针形，长约为萼筒之半，无毛；花冠黑紫色，唇形，长约1厘米，外面无毛，上唇两侧裂深达全长的1/2，中裂较短，下唇舌状；雄蕊生于花冠喉部，约与唇瓣等长，花丝无毛或仅基部有柔毛；子房2~3室，花柱有短毛。果实红色，近圆形；种子褐色，矩圆形或近圆形。花期5~6月，果熟期8~9月。

2. 生长习性 华北忍冬耐阴，喜温暖阳光气候。多生长于海拔800~1 800米的地区，一般生长在林中及林缘。

3. 繁殖方法 多种苗栽植，目前还没有发现其他较好的繁殖方法。

4. 应用 华北忍冬先开的花为白色后变黄，固有金银花（二花）之称谓，其所含绿原酸能起到抗细胞物质氧化，促进人体新陈代谢，调节人体各部功能的平衡，使体内老化器官恢复功能的作用。金银花盛产于新乡封丘。园林上也可以做地被、丛植、片植于假山、池畔、林缘等地。观花观果俱佳。

（二十五）鸡树条荚蒾

鸡树条荚蒾（*Viburnum sargenti* Koehne.）。科属：忍冬科，荚蒾属。

1. 形态特征　落叶灌木，高2～3米。树皮暗灰褐色，有纵条及软木条层；小枝褐色至赤褐色，具明显条棱。叶浓绿色，单叶对生；卵形至阔卵圆形，长6～12厘米，宽5～10厘米，通常浅3裂，基部圆形或截形，叶柄粗壮，无毛，近端处有腺点。伞形聚伞花序顶生，紧密多花，由6～8小伞房花序组成，直径8～10厘米，能孕花在中央，外围有不孕的辐射花，长2～5厘米；花冠杯状，辐状开展，乳白色，5裂，直径5毫米；花药为紫色；不孕性花白色，直径1.5～2.5厘米，深5裂。核果球形，直径8毫米，红色，经久不落。种子圆形，扁平。花期5～6月，果期8～9月。

2. 生长习性　多生于山坡、山顶灌丛、河边杂木林、林缘及杂木林、山谷及山谷边疏林中。海拔800～1 500米多见。

3. 繁殖方法　可播种繁殖、压条、扦插繁殖。

4. 应用　可用于风景林、公园、庭院、路旁、草坪上、水边及建筑物北侧。可孤植、丛植、群植。

（二十六）蒙古荚蒾

蒙古荚蒾（*Viburnum mongolicum* Rehd.）。科属：忍冬科，荚蒾属。

1. 形态特征　落叶灌木，高达2米；幼枝、叶下面、叶柄和花序均被簇状短毛，二年生小枝黄白色，浑圆，无毛。叶纸质，宽卵形至椭圆形，稀近圆形，长2.5～5厘米，顶端尖或钝形，基部圆或楔圆形，边缘有波状浅齿，齿顶具小突尖。叶柄长4～10毫米。聚伞花序直径1.5～3.5厘米，具少数花，总花梗长5～15毫米；花冠淡黄白色，筒状钟形，无毛，筒长5～7毫米，直径约3毫米，裂片长约1.5毫米；雄蕊约与花冠等长，花药矩圆形。果实红色而后变黑色，椭圆形，长约10毫米；核扁，长约8毫米，直径5～6毫米。花期5月，果熟期9月。

2. 生长习性 中生喜阳灌木。较喜欢阳光。抗逆性和适应性强，耐低温。

3. 繁殖方法 可用扦插或种子繁殖。

4. 应用 可作水土保持及园林绿化树种。种子含油脂供制肥皂用。茎皮纤维可制绳索或造纸。

（二十七）北方荚蒾

北方荚蒾（*Viburnum hupehense sp. septentrionale* P. S. Hsu）。科属：忍冬科，荚蒾属。

1. 形态特征 北方荚蒾与湖北荚蒾的区别在于冬芽无毛，叶较宽，圆卵形或倒卵形，上面被白色简单或叉状伏毛，下面有黄白色腺点，花冠有时无毛。

2. 生长习性 暖温带半阴性树种。较耐寒，能适应一般性土壤，好生于湿润肥沃的土壤。长势旺盛，萌蘖力、萌芽力均强，种子有隔年发芽的习性。

3. 繁殖方法 荚蒾属大多数植物种子，发芽十分困难，因荚蒾种子的胚根、胚轴有双重休眠机制，在春季播种往往当年不萌发，次年才能出苗。有人研究认为，种子不经过处理、催芽，播种有可能失败或者种子发芽和出土时间都延长，最好用冷水浸泡，同时在塑料袋内催芽，时间短，发芽率高，发芽率可达93%。

4. 应用 北方荚蒾是一类非常重要的园林观赏树木，为观花观果植物。中国对荚蒾属植物应用较早，属内琼花在唐代宫廷中有栽培，古有隋炀帝下扬州观赏琼花的故事，琼花现已成为扬州市花。城市绿化中运用较多的还有全为不孕花的木绣球、皱叶荚蒾、北方著名的早春开花的香荚蒾等。北方荚蒾可入药。

（二十八）陕西荚蒾

陕西荚蒾（*Viburnum schensianum* Maxim.）。科属：忍冬科，荚蒾属。

1. 形态特征　落叶灌木，高可达 3 米；幼枝、叶下、叶柄及花序均被由黄白色簇状毛组成的绒毛；芽常被带锈褐色簇状毛；二年生小枝梢四角状，灰褐色，老枝圆筒形，散生圆形小皮孔。叶纸质，卵状椭圆形、宽卵形或近圆形，长 3～8 厘米，顶端钝或圆形，有时微凹或稍尖，基部圆形，边缘有较密的小尖齿，初时上面疏被叉状或簇状短毛，侧脉 5～7 对，近缘处互相网结或部分直伸至齿端，连同中脉上面凹陷，下面凸起，小脉两面稍凸起；叶柄长 7～15 毫米。聚伞花序直径 4～8 厘米，有时可达 9 厘米，总花梗长 1～7 厘米或很短。花冠白色，辐状，直径约 6 毫米，无毛，筒部长约 1 毫米，裂片圆卵形，长约 2 毫米；雄蕊与花冠等长或略较长，花药圆形，直径约 1 毫米。果实红而后黑，椭圆形，长约 8 毫米；花期 5～7 月，果熟期 8～9 月。

2. 生长习性　产于河北、陕西南部、山西、山东、甘肃南部、河南、江苏南部、湖北和四川北部。多生于海拔 700～2 200 米的山谷混交林和松林下或山坡灌丛中。

3. 繁殖方法　可用播种及扦插繁殖。

4. 应用　在生产中多作为观花观果植物。布置于池畔湖边及建筑物四周。

（二十九）腺毛茶藨子

腺毛茶藨子（*Ribes giraldii*.）。科属：虎耳草科，茶藨子属。

1. 形态特征 落叶灌木，高 2～3 米，幼枝密生粗糙毛和腺毛，栗褐色，叶柄基部对生细刺。叶卵圆形宽 2～3.5 厘米，基部截形或心脏形，3～5 浅裂，叶表面具腺毛，叶柄长 1～1.8 厘米，密被腺毛。总状花序密被腺毛，果实球形，成熟后带粉红色，具腺毛。花期 4～5 月，果熟期 7～8 月。

2. 生长习性 喜温暖湿润的气候，也耐干旱、耐瘠薄，多生于山坡灌丛、山谷林下或沟边杂木林下，海拔 1 700～3 800 米。

3. 繁殖方法 在生产上多以种子繁殖和扦插压条繁殖为主。

4. 应用 可以作为观花观果类植物布置于园林生产，其果实可供食用及制作饮料和果酒等。

（三十）尖叶茶藨子

尖叶茶藨子（*Ribes maximowiczianum* Komar.）。科属：虎耳草科，茶藨子属。

1. 形态特征 落叶小灌木，高可达 2 米。老枝紫褐色，树皮常剥落；小枝灰绿色，幼时有柔毛。叶卵形，宽约 4 厘米，宽稍大于长，3～5 裂，裂片阔卵形，基部截形或心形，边缘锯齿粗钝，两面疏生柔毛。花雌雄异株，簇生；雄花 4～9 朵，黄绿色，杯状，芳香；雌花 2～4 朵，子房无毛。浆果近球形，萼筒宿存；果梗有节。花期 4～5 月，果期 8～9 月。

2. 生长习性 性喜温暖湿润环境，耐寒、耐干旱。多见于长江流域及陕西、山东等省（自治区、直辖市），河南太行山和伏牛山区也较为常见。果实可酿酒或做果酱。

3. 繁殖方法 农林生产上多以种子繁殖和扦插压条繁殖为主。

4. 应用 由于花果艳丽，可以作为观花观果类植物布置于园林生产，其果实可供食用及制作饮料和果酒等。

(三十一) 花茶藨子

花茶藨子 (*Ribes fargesii* Franch.)。科属：虎耳草科，茶藨子属。

1. 形态特征　落叶灌木，枝短而粗壮，小枝浅灰棕色至浅灰褐色，皮条状纵裂，嫩枝浅褐色，光滑无毛，无刺，叶近圆形或近卵圆形，花两性，总状花序短，花序轴和花梗无毛；苞片线形或披针形，无毛，早落；子房无毛；花柱短，果实近圆形或倒宽椭圆形，种子长圆形。花期4～5月，果期6～7月。

2. 生长习性　生于海拔1 800米地区，性喜温暖湿润环境。多见于长江流域，河南太行山亦有分布。

3. 繁殖方法　在生产上多以种子繁殖和扦插压条繁殖为主。

4. 应用　其叶、花、果俱美，可以作为观叶、观花、观果类植物布置于建筑物四周及河渠湖畔旁，其果实可供食用及制作饮料和果酒等。

(三十二) 山楂

山楂 (*Crataegus pinnatifida* Bunge.)。别名：山里果、山里红。

科属：蔷薇科，山楂属。

1. 形态特征　落叶乔木，树皮粗糙，暗灰色或灰褐色；有刺时刺长1～2厘米；小枝圆柱形，当年生枝紫褐色，无毛或近于无毛，疏生皮孔，老枝灰褐色；冬芽三角卵形，紫色。叶片宽卵形或三角状卵形，稀菱状卵形，长5～10厘米，宽4～7.5厘米，通常两侧各有3～5羽状深裂片，裂片卵状披针形或带形，先端短渐尖，边缘有尖锐稀疏不规则重锯齿。叶柄长2～6厘米，无毛；托叶草质，镰形，边缘有锯齿。伞房花序具多花，直径4～6厘米，总花梗和花梗均被柔毛，花后脱落，花梗长4～7毫米；花直径约1.5厘米；萼筒钟状，长4～5毫米，外面密被灰白色柔毛；花瓣倒卵形或近圆形，长 7～8 毫米，宽 5～6 毫米，白色；雄蕊 20 枚，短于花瓣，花药粉红色；花柱 3～5，基部被柔毛，柱头头状。果实近球形或梨形，直径 1～1.5 厘米，深红色。花期 5～6 月，果期 9～10 月。

2. 生长习性　多生于海拔 100～1 500 米山坡林边或灌木丛中。山楂适应性较强，喜凉爽、湿润的环境，既耐寒，又耐高温。水分过多时，枝叶容易徒长。对土壤要求不严格，但在土层深厚、质地肥沃、疏松、排水良好的微酸性沙壤土生长良好。

3. 繁殖方法　种子繁殖时成熟的种子须经沙藏处理，挖 50～100 厘米深沟，将种子以 3～5 倍湿沙混匀放入沟内后覆沙，结冻前再盖土至地面 30～50 厘米，翌年 6～7 月份将种子翻倒，秋季取出播种。条播行距 20 厘米，开沟深 4 厘米，宽 3～5 厘米，每米播种 200～300 粒，播后即覆薄土，再覆厚 1 厘米的沙，以防止土壤板结及水分蒸发。

扦插繁殖于春季将粗 0.5～1 厘米根切成 10～15 厘米小根段，扎成捆，蘸适当浓度的生根粉溶液后斜插于苗圃，灌小水使根和土壤接触密接，15 天左右可以萌芽，当年苗高达 50～60 厘米时，可在 8 月份初进行芽接。

嫁接繁殖于春、夏、秋均可进行。采用芽接或枝接或靠接，以芽接为主。

4. 应用　山楂味酸性温，气血并走，化瘀而不伤新血，行滞气而不伤正气，应用于肉食积滞，泻痢腹痛、疝气痛、瘀滞腹痛、胸痛、恶露不尽、痛经、吐血、便血等。山楂是优良的观花观果的树木，园林上可作行道树、孤植树、庭荫树。

（三十三）中华石楠

中华石楠（*Photinia beauverdiana* C. K. Schneid.）。科属：蔷薇科，石楠属。

1. 形态特征　落叶灌木或小乔木，高 3～10 米；小枝无毛，紫褐色，有散生灰色皮孔。叶片薄纸质、长圆形、倒卵状长圆形或卵状披针形，长 5～10 厘米，宽 2～4.5 厘米，先端突渐尖，基部圆形或楔形，边缘有疏生具腺锯齿，上面光亮，无毛，下面中脉疏生柔毛，侧脉 9～14 对；叶柄长 5～10 毫米，微有柔毛。花成复伞房花序，直径 5～7 厘米；总花梗和花梗无毛，密生疣点，花梗长 7～15 毫米；花直径 5～7 毫米；花瓣白色，卵形或倒卵形，长 2 毫米，先端圆钝，无毛；雄蕊 20 枚；花柱多 3，基部合生。果实卵形，长 7～8 毫米，直径 5～6 毫米，紫红色，无毛，微有疣点，萼宿存；果梗长 1～2 厘米。花期 4～5 月，果期 7～8 月。

2. 生长习性　耐旱性能较好，多生于海拔 100～1 700 米的山坡或山谷林下。分布于中国江苏、陕西、安徽、浙江、河南、江西、湖南、福建、湖北、四川、广东、广西、贵州、云南等省（自治区）。

3. 繁殖方法　多以扦插和种子繁殖。

4. 应用　多生于海拔 1 000～1 700 米山坡或山谷林下。植物常有密集的花序，夏季开白色花朵，秋季结成多数红色果实，可供观赏之用。为花果俱佳的园林观赏植物。木材坚硬，可用作伞柄、秤杆、算盘珠、家具、农具等。也可入药。

（三十四）胡颓子

胡颓子（*Elaeagnus pungens* Thunb.）。科属：胡颓子科，胡颓子属

1. 形态特征　常绿直立灌木，高 3～4 米，具刺，刺顶生或腋生，长 20～40 毫米，有时短，深褐色；幼枝微扁棱形，密被锈色鳞片，老枝鳞片脱落，黑色，具光泽。叶革质，椭圆形或阔椭圆形，稀矩圆形，长 5～10 厘米，宽 1.8～5 厘米，两端钝形或基部圆形，边缘微反卷或皱波状，上面幼时具银白色和少数褐色鳞片，成熟后脱落，具光泽，干燥后褐绿色或褐色，下面密被

银白色和少数褐色鳞片，果核内面具白色丝状棉毛；花期 9～12 月，果期翌年 4～6 月。

果熟时味甜可食。根、叶、果实均供药用，还有一定的观赏价值。

2. 生长习性 抗寒力比较强，在华北南部可露地越冬，能忍耐−8℃的绝对低温，生长适温为 24～34℃，耐高温。不怕阳光曝晒，也具较强的耐阴力。对土壤要求不严格，在中性、酸性和石灰质土壤上均能生长，耐干旱和瘠薄，但不耐水涝。其耐盐性、耐旱性和耐寒性佳，抗风强。生于海拔 1 000 米以下的山地杂木林内和向阳沟谷旁。

3. 繁殖方法 播种于每年 5 月中、下旬将果实采后堆积，经过一段时间的成熟腐烂后再将种子淘洗干净即播。发芽率只有 50％左右，所以适当加大播种量，可用开沟条播法，行距 15～20 厘米，覆土厚 1.5 厘米，播后即盖草保墒。一月余即可全部出齐，应搭棚遮荫，当年追肥 2 次，翌年早春分苗移栽。

扦插多在 4 月上旬进行，剪充实、无病虫健壮的 1～2 年生枝条作插穗，截成 10～15 厘米长的小段，保留 1～3 枚叶片，入土深 5～10 厘米。生根后可继续在露地苗床培养大苗，也可上盆培养。

4. 应用 胡颓子株形自然，观赏价值高，其红果下垂。多适于草地丛植，也用于林缘、树群外围做自然式绿篱。

（三十五）沙枣

沙枣（*Elaeagnus angustifolia* Linn.）。科属：胡颓子科，胡颓子属

1. 形态特征 落叶乔木或小乔木，高 5～10 米，无刺或具刺，刺长 30～40 毫米，棕红色；幼枝密被银白色鳞片，老枝鳞片脱落，红棕色，光亮。叶薄纸质，矩圆状披针形至线状披针形，长 3～7 厘米，宽 1～1.3 厘米；叶柄纤细，银白色，长 5～10 毫米。花白色，直立或近直立，密被银白色鳞片，芳香，常

1～3花簇生新枝基部；花梗长2～3毫米；雄蕊几无花丝，花药淡黄色，矩圆形，长2.2毫米；花柱直立，无毛，上端甚弯曲；花盘明显，圆锥形，包围花柱的基部，无毛。果实椭圆形，长9～12毫米，直径6～10毫米，粉红色，密被银白色鳞片；果肉乳白色，粉质；果梗短，粗壮，长3～6毫米。花期5～6月，果期8～9月。

2. 生长习性　沙枣生命力强，抗旱、抗风沙、耐盐碱、耐贫瘠。天然沙枣只分布在降水量低于150毫米的荒漠和半荒漠地区。沙枣具有耐盐碱的能力，但随盐分种类不同而异，对硫酸盐土适应性较强，对氯化物则抗性较弱。适应力较强，平原、山地、荒漠、沙滩均能生长；对土壤、气温、湿度要求不甚严格。

3. 繁殖方法　播种育苗多在春季。春季育苗的要在头年冬季对种子进行处理。种子淘洗净，掺等量细沙混合均匀，置入先挖好的种子处理坑内，周围用沙壅埋成埂，灌水，覆沙20厘米越冬。未经冬藏的种子，播前可用温汤浸种2～3天，捞出后保湿催芽。

扦插育苗时常于春末或秋初用当年生的枝条进行嫩枝扦插，或于早春生枝条进行老枝扦插。进行嫩枝扦插时，选用当年生粗壮无病虫枝条作为插穗。把枝条剪下后，剪成长10～15厘米的一段，每段要带2～3个叶节。上面的剪口平齐，下面的剪口斜剪。进行硬枝扦插时，在早春气温回升之后，取健壮枝条作插穗。每段插穗通常保留3～4个芽，剪取的方法同嫩枝扦插。

4. 应用　沙枣可用植苗或插干造林。沙枣根蘖性强，抗风沙，防止干旱，保持水土，改良土壤，调节气候，常用来营造防沙林、防护林、用材林和风景林，在我国西北干旱地区保证农业稳产丰收起到了很大作用。

（三十六）君迁子

君迁子（*Diospyros lotus* L.）。科属：柿科，柿属。

1. 形态特征　落叶大乔木，高达 30 米，胸径可达 1 米；幼树树皮平滑，浅灰色，老时则深纵裂；小枝灰色至暗褐色，具灰黄色皮孔；叶多为偶数或稀奇数羽状复叶，长 8～16 厘米，叶柄长 2～5 厘米；小叶 10～16 枚，无小叶柄，对生或稀近对生，长椭圆形至长椭圆状披针形，长 8～12 厘米，宽 2～3 厘米，顶端常钝圆或稀急尖，基部歪斜。雄性柔荑花序长 6～10 厘米，雄花常具花被片，雄蕊 5～12 枚。雌性柔荑花序顶生，长 10～15 厘米。雌花几乎无梗，苞片及小苞片基部常有细小的星芒状毛，并密被腺体。果序长 20～45 厘米，果实长椭圆形，长 6～7 毫米。花期 4～5 月，果熟期 8～9 月。

2. 生长习性　喜光，耐寒，耐湿；深系发达，生长快，萌蘖能力强。对有害气体二氧化硫及氯气的抗性弱。叶片受害后易脱落。受到二氧化硫危害严重者，几小时内使叶全部落光。初期生长较慢，后期生长速度加快。生于海拔 500～2 300 米的山地、山坡、山谷的灌丛中，或在林缘。

3. 繁殖方法　常用播种繁殖。种子采回后可当年播种；也可晒干后袋藏或拌沙贮藏，至来年春季播种。

4. 应用　树干挺直，树冠圆整，适应性强，可广泛栽植作庭园树或行道树。树皮和枝皮可作纤维原料；果实可作饲料和酿酒，种子还可榨油。成熟果实可食用，亦可制成柿饼，本种的实生苗常用作柿树的砧木，但有角斑病严重危害，受病果蒂很多，易使柿树传染受害，须注意防除。

（三十七）柿树

柿树（*Diospyros kaki* Thunb.）。科属：柿科，柿属。

1. 形态特征　落叶大乔木，胸高直径达 65 厘米，老树高可达 27 米。树皮深灰色至灰黑色，沟纹较密，裂成长方块状。树冠球形或长圆球形，枝开展，带绿色至褐色，冬芽小，卵形，长 2～3 毫米，先端钝。叶纸质，卵状椭圆形至倒卵形或近圆形，长 5~18 厘米，宽 2.8~9 厘米，先端渐尖或钝，基部楔形，新叶疏生柔毛，老叶上面有光泽，深绿色；聚伞花序；雄花序小，长 1~1.5 厘米，弯垂，有短柔毛或绒毛，有花 3~5 朵,；总花梗长约 5 毫米，有微小苞片；雄花小，长 5~10 毫米；果形多，有扁球形、球形、球形而略呈方形、卵形等，直径 3.5~8.5 厘米不等，基部常有棱，嫩时绿，后变黄，果肉较脆硬，老熟时果肉柔软多汁，呈橙红色或大红色等，有褐色种子数颗；在栽培品种中通常无种子或有少数种子；宿存萼。

2. 生长习性 深根性树种，阳性树种，喜温暖气候、充足阳光和肥沃、深厚、湿润、排水良好的土壤，适生于中性土壤，较耐寒，但较耐瘠薄，抗旱性强，不耐盐碱土。

3. 繁殖方法 嫁接时在华北地区以清明节前后最为适宜。芽接在柿树整个生长期均可进行。其中以新梢接近停止生长时成活率最高。劈接嫁接法，砧木垂直向下切削 8~10 毫米长的裂口；接穗用刀片在幼茎两侧将其削成 8~10 毫米长的双面楔形，把接穗双楔面对准砧木接口轻轻插入，使二切口贴合紧密，嫁接夹固定。柿树芽接大多采用方块芽接。

4. 应用 柿树广泛应用于城市绿化，在园林中可孤植于草坪或旷地，列植于街道两旁，到了秋季叶片黄红色，蔚为壮观。又因其对多种有毒有害气体抗性较强，较强的吸滞粉尘的能力，常被用于污染严重的工矿区。并且柿树能吸收有害气体，作为工厂、公园、道路两旁、广场、校园绿化颇为合适。

(三十八) 接骨木

接骨木 (*Sambucus williamsii* Hance.)。科属：忍冬科，接骨木属。

1. 形态特征 落叶灌木或小乔木，高 5~6 米；老枝淡红褐色，具明显的长椭圆形皮孔，髓部淡褐色。

羽状复叶有小叶 2~3 对，有时仅 1 对或多达 5 对，侧生小叶片卵圆形、狭椭圆形至倒矩圆状披针形，长 5～15 厘米，宽 1.2～7 厘米。花与叶同出，圆锥形聚伞花序顶生，长 5～11 厘米，宽 4～14 厘米，具总花梗，花序分枝多成直角开展，有时被稀疏短柔毛，随即光滑无毛；花小而密；花冠蕾时带粉红色，开后白色或淡黄色，筒短，裂片矩圆形或长卵圆形，长约 2 毫米；雄蕊与花冠裂片等长，开展，花丝基部稍肥大，花药黄色；子房 3 室，花柱短，柱头 3 裂。果实红色，极少蓝紫黑色，卵圆形或近圆形，直径 3～5 毫米。花期一般 4～5 月，果熟期 9～10 月。

2. 生长习性 适应性强，喜光，但又稍耐荫蔽。以肥沃、疏松的土壤为好。耐寒，耐旱，根系发达，萌蘖性强。多生于林下、灌木丛中，根系发达。忌水涝，抗污染性强。

3. 繁殖方法 扦插，每年 4～5 月，剪取一年生充实、无病虫枝条 10～15 厘米，插于沙床，插后月余可生根。分株于秋季落叶后，挖取母枝，将其周围的萌蘖枝带根分开栽植。易栽培，移植可于春秋季节进行。

4. 应用 接骨木主要具有中医药用途。还可在园林中加以利用，多植于庭院、公园、厂矿、机关、学校及林缘、草地、池畔等场所。是秋季观果的良好树种。

（三十九）皂荚

皂荚（*Gleditsia sinensis* Lam.）。科属：豆科，皂荚属。

1. 形态特征 落叶乔木或小乔木，高可达 30 米；枝灰色至深褐色；刺粗壮，圆柱形，常分枝，多呈圆锥状，长达 16 厘米，叶为一回羽状复叶，长 10～26 厘米；小叶 3～9 对，纸质，卵状披针形至长圆形，长 2～8.5 厘米，宽 1～6 厘米；花杂性，黄白色，组成总状花序；花序腋生或顶生，长 5～14 厘米，被短柔毛；花瓣 4 枚，长圆形，长 4～5 毫米，被微柔毛；雄蕊 8 枚；荚果带状，长 12～37 厘米，宽 2～4 厘米，劲直或扭曲，果瓣革质，褐棕色或红褐色，常被白色粉霜；种子多颗，长圆形或椭圆形，长 11~13 毫米，宽 8~9 毫米，棕色，光亮。花期 3~5 月，果期 5~12 月。

2. 生长习性　性喜光而稍耐阴，喜温暖湿润的气候及肥沃适当深厚的湿润土壤，但对土壤要求不很严，在石灰质及盐碱甚至黏土或沙土均能正常生长发育。皂荚为慢生树种，但寿命很长，可达六七百年之久，为深根性树种。

3. 繁殖方法　10 月果实成熟时采下，剥出种子，随即播种；若春播，由于种皮坚硬需将种子在水里泡胀后，再行播种。育苗时，撒施一层腐熟有机肥作为基肥，把种子每隔 5 厘米左右粒播。苗出齐后，施稀薄粪水，后追肥 1~2 次。次年再行 1~2 次除草、追肥等管理，至秋后即可移栽。

4. 应用　皂荚树根系发达，故耐旱，可用作防护林和水土保持林。耐热、耐寒、抗污染，可用于道路绿化及城乡景观林。皂荚树具有适应性广、抗逆性强、固氮等综合优点，是退耕还林的首选树种。用皂荚营造草原防护林能够有效防止牧畜破坏，是林牧结合的优选树种。

（四十）枸杞

枸杞（*Lycium chincnse* Mill.）。科属：茄科，枸杞属。

1. 形态特征　多分枝小灌木，高 0.5~1 米，栽培时可达 2 米；枝条细弱，弓状弯曲或俯垂，淡灰色，有纵条纹，棘刺长 0.5~2 厘米。叶纸质或栽培者质稍厚，单叶互生或 2~4 枚簇生，卵形、卵状菱形、长椭圆形、卵状披针形，顶端急尖，基部楔形，长 1.5~5 厘米，宽 0.5~2.5 厘米。花在长枝上单生或双生于叶腋，在短枝上则同叶簇生；花冠漏斗状，长 9~12 毫米，淡紫色，雄蕊较花冠稍短，或因花冠裂片外展而伸出花冠，花丝在近基部处密生一圈绒毛并交织成椭圆状的毛丛，与毛丛等高处的花冠筒内壁亦密生一环绒毛；浆果红色，卵状，栽培者可成长矩圆状或长椭圆状，顶端尖或钝，长 7~15 毫米，栽培者长可达

2.2 厘米，直径 5～8 毫米。种子扁肾脏形，长 2.5～3 毫米，黄色。花果期 6～11 月。

2. 生长习性 枸杞喜冷凉气候，耐寒性强。当气温稳定通过 7℃左右时，种子即可发芽，幼苗可抵抗－3℃低温。春季气温在 6℃以上时，春芽开始萌动。枸杞在－25℃越冬安全。根系发达，抗旱，可在干旱荒漠地生长。长期水积的低洼地方对枸杞生长不利，甚至引起烂根或死亡。光照足，枝条生长健壮，花艳果多。多生长在沙质壤土和碱性土，最适合在土层深厚、肥沃的壤土上栽培。

3. 应用 枸杞树形婀娜，叶绿、花紫、果红，可观花观果，是很好的盆景观赏植物。幼叶不仅可制作茶叶饮用，还能食用。现已有部分枸杞应用于观赏栽培。我国以宁夏枸杞闻名全国。

三、观叶类

（一）连香树

连香树（*Cercidiphyllum japonicum* Sieb. Et Zucc.）。科属：连香树科，连香树属。

1. 形态特征 落叶大乔木，高 10～20 米，少数达 40 米；树皮灰色或棕灰色；小枝无毛，短枝在长枝上对生；芽鳞片褐色。生短枝上的叶近圆形、宽卵形或心形，生长枝上的椭圆形或三角形，长 4～7 厘米，宽 3.5～6 厘米，掌状脉 7 条直达边缘；叶柄长 1～2.5 厘米，无毛。雄花常 4 朵丛生，近无梗；苞片在花期红色，膜质，卵形；花丝长 4～6 毫米，花药长 3～4 毫米；雌花 2～6 朵，丛生。蓇葖果 2～4 个，荚果状，长 10～18 毫米，宽 2～3 毫米，褐色或黑色，微弯曲，花期 4 月，果期 8 月。

2. 生长习性 多分布在海拔 650～2 700 米的山谷边缘或林中开阔地。喜冬寒夏凉气候，适应雨量多、湿度大的环境。适宜土壤为微酸性（pH5.4～6.1）、有机质含量较丰富的棕壤和红黄壤。耐阴性较强，幼树须长在林下弱光处，成年树要求一定光照条件。深根性，抗风，耐湿，生长缓慢，结实稀少。萌蘖性强。于根基部常萌生多枝。

3. 繁殖方法　用种子或扦插繁殖。种子繁殖时在 8～9 月果实由青变黄褐色时立即采收，否则果壳开裂后种子容易散失。采回果实，除去杂质后，所得种子随采随播，也可用湿沙层积贮藏，次年春季播种。播后覆细土，再盖草保湿。种子萌发出土后，注意苗期除草。

由于连香树 2 年才结一次果，而且种子十分细小，采种难度极大。故此在实际生产中，有条件的地方，常用扦插方式进行苗木培育。扦插又分为嫩枝扦插和硬枝扦插。

4. 应用　连香树树体高大，树姿优美，叶形奇特，为圆形，大小与银杏（白果）叶相似，因而得名山白果；叶色季相变化很丰富，春天为紫红、夏天为翠绿、秋天为金黄、冬天为深红，是典型的彩叶树种；落叶迟，到农历腊月末才开始落叶，发芽早，翌年正月开始发芽，极具观赏性价值，是园林绿化、景观配置的优良树种，可作为独赏树、庭荫树及行道树。

（二）五味子

五味子 ［*Schisandra chinensis*（Turcz.）Baill.］。科属：木兰科，五味子属。

1. 形态特征　五味子有南五味子和北五味子之分，北五味子质比南五味子优良。北五味子呈不规则的球形或扁球形，直径 5～8 毫米。表面红色、紫红色或暗红色，皱缩，显油润，果肉柔软，有的表面呈黑红色或出现"白霜"。种子 1～2 枚，肾形，表面棕黄色，有光泽，种皮薄而脆。果肉味酸；种子破碎后，有香气，味辛、微苦。北五味子主要产于东北地区及内蒙古、河北、山西等地。南五味子粒较小，表面棕红色至暗棕色，干瘪，皱缩，果肉常紧贴种子上。

多年生落叶藤本。小枝灰褐色，具明显皮孔。叶互生，广椭圆形或倒卵形，长5～10厘米，宽2～5厘米，先端急尖或渐尖，边缘有细齿；叶柄淡粉红色。花单性异株，生于叶腋，花梗细长柔软；花被片6～9枚，乳白色或粉红色，芳香；雄蕊5枚；雌蕊群椭圆形，心皮17～40覆瓦状排列于花托上。聚合果，球形，肉质，熟时深红色。花期5～6月，果期7～9月。

2. 生长习性　多生于海拔1 200～1 700米的溪旁、沟谷、山坡等地。五味子喜欢微酸性土壤。野生植株多生长在山区的杂木林中、林缘或山沟的灌木丛中，缠绕在其他林木上。不耐旱。自然条件下，在排水好、肥沃、湿度均衡适宜的微酸性土壤上发育最好。

3. 繁殖方法　野生五味子以种子繁殖和地下横走茎繁殖为主。在人工栽培中，扦插压条虽然也能生根发育成植株，但生根较困难，处理时要求条件不好掌握，均不如种子繁殖速度快。种子繁殖方法简单、易行，并能在短期内获得大量实生苗。

4. 应用　园林观赏植物。可用来垂直绿化，攀爬篱架、墙面、花架、枯树等，也可药用，也可以观果。在秋季，果实红色，娇艳欲滴，观赏价值高。

（三）苦木

苦木［*Picrasma quassioides* (D. Don) Benn.］。科属：苦木科，苦木属。

1. 形态特征　落叶灌木或小乔木。树皮平滑、灰褐色，具皮孔，小枝绿色至红褐色。奇数羽状复叶，小叶9～15枚，卵形或卵状椭圆形，长4～10厘米，宽2～4.5厘米，先端锐尖，边缘具不整齐的钝锯齿。腋生伞房状总状花序，花单性异株；核果倒卵形，3～4个并生，蓝至红色，萼宿存。花期4～6月。

2. 生长习性　性喜光，耐干旱、耐瘠薄，也耐阴，多生于山坡、山谷及村边较潮湿处。在排水良好、有机质丰富的壤土中生长发育较好。主要分布于陕西、山西、河北、河南、江苏、湖南、广西、云南、四川等省（自治区、直辖市），以及朝鲜半岛、日本、尼泊尔也有。

3. 繁殖方法　种子繁殖适宜种植时间为 4～10 月。选阴雨天，按行距 20～25 厘米开沟条播，株距可依土质肥瘠、排灌难易、管理粗细而定。种子播到沟内后，覆土 2～3 厘米，镇压后浇透水即可。

4. 应用　秋叶红黄，是著名的秋色叶树种，园林上可作为风景树、观赏树来利用。由于苦木的药用价值不断被发现，导致苦木的乱砍滥伐严重，苦木资源也呈逐渐减少趋势，使苦木越来越成为一种珍稀树种。苦木制作而成的饰品、家具、木桶等，经研究表明，都具有较强的杀菌效果，是用作婴幼儿用品的良好材料。

（四）臭椿

臭椿（*Ailanthus altissima*）。科属：苦木科，臭椿属。

1. 形态特征　落叶乔木，高可达 20 余米，树皮平滑而有直纹；嫩枝有髓，幼时被黄色或黄褐色柔毛，后脱落。奇数羽状复叶，长 40～60 厘米，叶柄长 7～13 厘米，有小叶 13～27 枚；小叶对生或近对生，纸质，卵状披针形，长 7～13 厘米，宽 2.5～4 厘米，先端长渐尖，基部偏斜，截形或稍圆，两侧各具一或两个粗锯齿，齿背有腺体 1 个，叶面深绿色，背面灰绿色，柔碎后具臭味。

圆锥花序长 10～30 厘米；花淡绿色，花梗长 1～2.5 毫米；萼片 5，覆瓦状排列，裂片长 0.5～1 毫米；花瓣 5 枚，长 2～2.5 毫米，基部两侧被硬粗毛；雄蕊 10 枚，雄花中的花丝长于花瓣，雌花相反；花药长圆形，长约 1 毫米；心皮 5，花柱黏合，柱头 5 裂。翅果长椭圆形，长 3～4.5 厘米，宽 1～1.2 厘米；种子位于翅中部，扁圆形。花期 4～5 月，果期 8～10 月。

2. 生长习性　阳性树种，喜光，不耐阴。适应性强，除黏土外，各种土壤和中性、酸性及钙质土都能生长，适生于肥沃、深厚、湿润的沙质土壤。耐旱、耐寒，不耐水湿，长期水积则烂根死亡。深根性。垂直分布在海拔 100～2 000 米范围内。在年平均气温 7～19℃、年降雨量 400～2 000 毫米范围内均能很好地生长。对氯气抗性中等，对氟化氢及二氧化硫抗性强。喜生于向阳山坡或灌丛中，作为"四旁"绿化树种，常植为行道树。

3. 繁殖方法　一般多用播种繁殖。播种育苗以春播为宜。在黄河流域一带有晚霜为害，故此春播不宜过早。通常用低床或作垄育苗。栽植造林多在春季，一般在苗木上部壮芽膨胀成球状时进行造林。在干旱多风地区也可截干造林。立地条件较好的阴坡或半阴坡也可直播造林。

早春采用条播。去掉种翅，用始温 40℃ 的水浸种 24 小时，捞出后置于温暖的向阳处混沙催芽，温度 20～25℃，夜间用草帘保温保湿，约 10 天种子即可播种。4～5 天幼苗开始破土出芽，当年生苗高可达 60～100 厘米。移植一次以断主根，促进侧须根生长。臭椿的根蘖萌发能力很强，也可采用分根、分蘖等方法进行繁殖。

4. 应用　臭椿树干通直高大，春季嫩叶紫红色，秋季黄果满树，是良好的行道树和观赏树。可孤植、丛植或与其他树种混栽。对有毒有害的气体吸收能力强，故此适宜于工厂、矿区等污染严重地区的绿化。在欧美及南亚诸如英国、德国、法国、意大利、美国、印度等常常作为行道树，颇受赞赏而称之为天堂树。

（五）山麻杆

山麻杆（*Alchornea kelungensis* Hayata.）。科属：大戟科，山麻杆属。

1. 形态特征　小灌木，叶薄纸质，卵形或卵状三角形，长 9～12 厘米，宽 6～11 厘米，顶端短渐尖，基部阔楔形或浅心形，边缘具疏生腺齿，上面无毛，下面沿中脉具疏毛，基部具斑状腺体 4 个；基出脉 3 条；小托叶钻状，长约 2 毫米；叶柄长 3～7 厘米，具疏毛；雌雄同株，花序顶生或腋生，穗状，长 7～10 厘米，具疏毛，苞片卵状三角形，长 3～4 毫米，小苞片三角形，长 1.5～2 毫米，雄花 9～11 朵簇生于苞腋，雌花生于花序的下部；子房具贴生短毛，花柱 3 枚，粗厚，披针状，长 4～5 毫米，基部合生部分长约 1 毫米。蒴果近球形，直径约 1 厘米，具三浅沟，被微毛；种子扁卵状，长约 7 毫米，种皮具小瘤。花期 3～4 月，果期 6～7 月。

2. 生长习性　暖温带树种。产于台湾，生于低海拔浅山灌丛中。主要分布于中国的秦岭淮河以南地区，华北地区也有少量引进栽培。江苏南北各地均有（江南私家园林多见、南京玄武湖畔有栽培），山坡或庭院内常见有栽培。早春嫩叶初放时红色，醒目美观。广布于长江流域及陕西南部。

3. 繁殖方法　由于采种不易，以分株繁殖为主，也可扦插或播种。由于以观叶为主，可利用其萌蘖性强的特性不断进行分株更新繁殖。

4. 应用　山麻杆树形秀丽端庄，新枝嫩叶俱红，茎干密丛生，茎皮紫红，早春新叶紫红，后红褐，是良好的观茎、观叶树种。适宜丛植于路边、庭院、山石之旁，具有丰富色彩的效果，若与其他绿色花木成片配植，则层次分明，色彩丰富，极具观赏价值。其茎皮纤维可供造纸或纺织用，种子可榨油，叶片可入药。

（六）乌桕

乌桕 [*Sapium sebiferum*（L.）Roxb.]。科属：大戟科，乌桕属。

1. 形态特征　乔木，高可达 15 米；树皮暗灰，有纵裂纹；枝广展，具皮孔。叶互生，纸质，叶片菱形、菱状卵形或稀有菱状倒卵形，长 3～8 厘米，宽 3～9 厘米，顶端骤然紧缩具长短不等的尖头，基部阔楔形或钝，全缘；中脉两面微凸起，侧脉 6～10 对，网状脉明显；叶柄纤细，长 2.5～6 厘米，顶端具两腺体；花单性，雌雄同株，聚集成顶生总状花序，雌花通常生于花序轴最下部或在雌花下部亦有少数雄花着生，雄花生于花序轴上部或有时整个花序全为雄花。蒴果梨状球形，成熟时黑色，直径 1～1.5 厘米。具 3 种子，种子扁球形，黑色，长约 8 毫米，宽 6～7 毫米，外被白色、蜡质的假种皮。花期 4～8 月，果期 9～10 月。

2. 生长习性　喜光，不耐阴。喜温暖环境，不耐寒。适生于含水丰富、深厚肥沃的土壤，对酸性、钙质土、盐碱土均能很好地适应，沿河两岸冲积土、平原水稻土、低山丘陵黏质红壤、山地红黄壤都能生长。对土壤适应性较强，以深厚湿润肥沃的冲积土生长最好。主根发达，抗风力强，耐水湿。土壤水分条件好生长旺盛。能耐短期积水，亦耐旱。

3. 繁殖方法　种子繁殖时为确保所采种子的质量，应选择树龄在 20 年以上、无病虫害、结实量大、采光好的优良母株作为采种母树。采种时间通常在 11 月中旬，当 70%～80% 果实完全裂开，露出种子的晴天为最佳采种时期。乌桕繁殖一般多用播种法，优良品种也可用嫁接法。还可用埋根法繁殖。乌桕的移栽季节宜在 4～5 月进行，萌芽前后都可栽植。

4. 应用　乌桕树冠整齐，叶形秀丽，秋叶经霜时红似火，十分壮观，冬季落叶后白果点点，在蓝天的映衬之下，蔚为壮观，有"偶看柏树梢头白，疑是江梅小着花"之赞名。若与花墙、亭廊、山石等相配，也甚为协调。可丛植、孤植于草坪和池边、湖畔。在园林绿化中可栽作护堤树、行道树及庭荫树，也可栽植于公园、广场、庭院中，或成片栽植于景区、森林公园中，能产生良好的秋季造景效果。乌桕宜丘陵山区发展，并且可以在山地、平原和丘陵造林，甚至可以在土地比较干旱的石山地区种植。

（七）太行榆

太行榆（*Ulmus taihangshanensis*）。科属：榆科，榆属。

1. 形态特征 落叶乔木，高可达 20 米，树皮幼时光滑，老则纵裂，小枝灰色或淡灰褐色。叶长 5～11 厘米，宽 3～5 厘米，基部偏斜，叶柄具白色柔毛及蜡粉。花先叶开放，翅果长圆形。花期 3 月下旬至 4 月上旬。

2. 生长习性 耐干旱、耐寒，对土质要求不高，产于河南太行山，生于海拔 1 500 米的山沟或山坡杂木林中。

3. 繁殖方法 多用扦插繁殖和种子繁殖。

4. 应用 园林生产上可作为行道树及庭荫树来加以利用，也可作为"四旁"绿化树种。

（八）大果榆

大果榆（*Ulmus macrocarpa* Hance.）。科属：榆科，榆属。

1. 形态特征 落叶乔木或灌木，高达 20 米，胸径可达 40 厘米；树皮暗灰色或灰黑色，纵裂，粗糙，小枝有时两侧有对生而扁平的木栓翅；冬芽卵圆形或近球形，芽鳞背面多被短毛或无毛，边缘有毛。叶宽倒卵形、倒卵状圆形、倒卵状菱形或倒卵形，稀椭圆形，厚革质，大小变异很大，通常长 5～9 厘米，宽 3.5～5 厘米，先端短尾状，基部渐窄至圆，偏斜或近对称，多心脏形或一边楔形，两面粗糙，叶面密生硬毛或有凸起的毛迹，叶背常有疏毛。花自花芽或混合芽抽出，在前一年生枝上排成簇状聚伞花序或散生于新枝的基部。翅果宽倒卵状圆形、近圆形或宽椭圆形，长 1.5～4.7 厘米，宽 1～3.9 厘米，果梗长 2～4 毫米，被短毛。花果期 4～5 月。

2. 生长习性 阳性树种，耐干旱，能适应碱性、中性及微酸性土壤。多生于海拔 700～1 800 米地带之谷地、山坡、黄土丘陵、台地、固定沙丘及岩缝中，朝鲜及俄罗斯中部也有分布。我国分布于黑龙江、吉林、辽宁、河北、山东、内蒙古、江苏北部、河南、山西、安徽北部、陕西、甘肃及青海东部。

3. 繁殖方法 多用扦插繁殖和种子繁殖。

4. 应用 树体高大，冠大荫浓，适应性强，常密植作树篱，列植于公路两边及人行道或群植于草坪、山坡。不仅是北方农村地区"四旁"绿化的主要树种，还是水土保持、防风固沙和盐碱地造林的重要树种。

(九) 榔榆

榔榆 (*Ulmus parvifolia* Jacq.)。科属：榆科，榆属。

1. 形态特征 落叶乔木，高达 25 米，胸径可达 1 米；树冠广圆形，树干基部有时呈板状根，树皮灰色或灰褐，裂成不规则鳞状薄片剥落，露出红褐色内皮，近平滑，微凹凸不平；当年生枝密被短柔毛，深褐色；冬芽卵圆形、红褐色，无毛。叶质厚，披针状卵形或窄椭圆形，稀卵形或倒卵形，长 1.7～8 厘米，宽 0.8～3 厘米，先端尖或钝，基部偏斜，有光泽，除中脉凹陷处有疏柔毛外，余处无毛，叶柄长 2～6 毫米，仅上面有毛。秋季开花，3～6 数在叶脉簇生或排成簇状聚伞花序。翅果椭圆形或卵状椭圆形，长 10～13 毫米，宽 6～8 毫米，果翅稍厚，基部的柄长约 2 毫米，花被片脱落或残存，果梗较管状花被为短，长 1～3 毫米，有疏生短毛。花果期 8～10 月。

2. 生长习性 生于浅山丘陵、平原、山坡及谷地。喜光，耐旱，对土壤要求不严，在酸性、中性及碱性土上均能生长，但以气候温暖、土壤肥沃、排水良好的中性土壤为最适宜的生境。对有毒气体烟尘抗性较强。

3. 繁殖方法 由于榔榆的种子获取比较困难，繁殖方式主要为扦插繁殖。榔榆插穗采自多年生的 1 年生、2 年生枝条，插穗长为 10～15 厘米。扦插基质多采用生产蘑菇后废弃的棉籽皮，不仅具有透气、透水、保湿性好的特点，而且含菌量低，插穗不易腐烂，价格便宜，尤其适合南方植材栽培基质的要求。基质铺平，然后将插穗垂直插入疏松的基质内，插穗的株距为 4 厘米，行距 8 厘米。扦插的深度为插穗的 1/3 左右。随即浇透水，使基质吸水下沉，与插穗紧贴。

4. 应用 榔榆干略弯，树皮雅致斑驳，秋日叶色变红，是良好的观赏树及工厂绿化、"四旁"绿化树种，常孤植成景，适宜种植于亭榭、池畔，也可配于山石之间林地边缘。由于萌芽力强，也是制作盆景的好材料。树形优美潇洒，枝叶细密，具有较高的观赏价值。因对有害气体的抗性强，还可选作厂矿区绿化树种。

（十）光叶榉

光叶榉（*Zelkova serrata*）。科属：榆科，榉属。

1. 形态特征 乔木，高达 30 米，胸径达 1 米；树皮灰白色或褐灰色，呈不规则的片状剥落；当年生枝紫褐色或棕褐色，疏被短柔毛，后渐脱落；冬芽圆锥状卵形或椭圆状球形。叶薄纸质至厚纸质，大小形状变异很大，卵形、椭圆形或卵状披针形，长 3～10 厘米，宽 1.5～5 厘米，先端渐尖或尾状渐尖，基部有的稍偏斜，圆形或浅心形，稀宽楔形，叶面绿，干后绿或深绿。稀暗褐色，稀带光泽，幼时疏生糙毛，后脱落变平滑，叶背浅绿，幼时被短柔毛，后脱落或仅沿主脉两侧残留有稀疏的柔毛。边缘有圆齿状锯齿，具短尖头，侧脉 7～14 对；叶柄粗短，长 2～6 毫米，被短柔毛。托叶膜质，紫褐色，披针形，长 7～9 毫米。雄花具极短的梗，径约 3 毫米，花被裂至中部，花被裂片 6～7，不等大，外面被细毛，雌花近无梗，径约 1.5毫米，花被片 4～5，外面被细毛，子房被细毛。核果几无梗，淡绿色，斜卵状圆锥形，上面偏斜，凹陷，直径 2.5～3.5 毫米，具背腹脊，网肋明显，表面被柔毛，具宿存的花被。花期 4 月，果期 9～11 月。

2. 生长习性　光叶榉性喜温暖至高温，生长适温 15～28℃，在湿润肥沃土壤长势好。产于江苏、安徽、辽宁、陕西、浙江、甘肃、山东、江西、台湾、河南、福建、湖北、湖南和广东等地。生于海拔 500～1 900 米河谷、溪边疏林中。在华东地区常有栽培，在日本和朝鲜也有分布。

3. 繁殖方法　可用播种法、根插法进行繁殖。

4. 应用　适合作园景树、行道树、防风树、盆景材料。材质鲜红坚硬，为阔叶一级木，可供制家具、地板、楼梯扶手之用。

（十一）大果榉

大果榉（*Zelkova Sinica* Schneid.）。科属：榆科，榉属。

1. 形态特征　乔木，高达 20 米，胸径达 60 厘米；树皮灰白色，呈块状剥落；一年生枝褐色或灰褐色，被灰白色柔毛，以后渐脱落，二年生枝灰色或褐灰色，光滑；冬芽椭圆形或球形。叶纸质或厚纸质，卵形或椭圆形，长 3～8 厘米，宽 1～3.5 厘米，先端渐尖，尾状渐尖，稀急尖，基部圆或宽楔形，有的稍偏斜，边缘具浅圆齿状或圆齿状锯齿，侧脉 6～10 对；叶柄长 4～10 毫米，被灰色柔毛；托叶膜质，褐色，披针状条形，长 5～7 毫米。雄花 1～3 朵腋生，直径 2～3 毫米，花被 5～7 裂，裂至近中部，裂片卵状矩圆形，外面被毛；雌花单生于叶腋，花被裂片 5～6，外面被细毛，子房外面被细毛。核果不规则的倒卵状球形，直径 5～7 毫米，顶端微偏斜，几乎不凹陷，表面光滑无毛，除背腹脊隆起外，几乎无凸起的网脉，果梗长 2～3 毫米，被毛。花期 4 月，果期 8～9 月。

2. 生长习性　耐干旱、耐瘠薄，根系发达，萌蘖能力强，寿命较长。多生于海拔 700～1 800 米的山坡、台地、谷地、固定沙丘、黄土丘陵及岩缝之中。阳性树种，能适应碱性、中性及微酸性的土壤，可在含盐量 0.16％土壤中正常生长。

3. 繁殖方法　多用扦插繁殖和种子繁殖。

4. 应用　园林绿化上适合作行道树、园景树、防风树。在绿化中有很大的发展潜力，同时对大果榉繁育技术进行研究，筛选出适用于不同造林绿化目的的大果榉苗木，对于丰富造林绿化树种、培育珍稀用材树种及振兴乡土树种具有重要的经济意义和生态价值。

（十二）小叶朴

小叶朴（*Celtis bungeana* B.l.）。科属：榆科，朴属。

1. 形态特征　落叶乔木，高达 10 米，树皮灰色或暗灰色；当年生小枝淡棕色，老后色较深，无毛，散生椭圆形皮孔；冬芽棕色或暗棕色，鳞片无毛。叶厚纸质，狭卵形、长圆形、卵状椭圆形至卵形，长 3～7 厘米，宽 2～4 厘米，基部宽楔形至近圆形，稍偏斜至几乎不偏斜，先端尖至渐尖，中部以上疏具不规则浅齿，有时一侧近全缘，无毛；叶柄淡黄色，长 5～15 毫米，上面有沟槽，幼时槽中有短毛，老后脱净；萌发枝上的叶形变异较大，先端可具尾尖且有糙毛。果单生叶腋，果柄较细软，无毛，长 10～25 毫米，果成熟时蓝黑色，近球形，直径 6～8 毫米；核近球形，肋不明显，表面极大部分近平滑或略具网孔状凹陷，直径 4～5 毫米。花期 4～5 月，果期 10～11 月。

2. 生长习性　性喜光，耐寒，稍耐阴，耐干旱；喜深厚湿润而又肥沃的中性黏质土壤。深根性，萌蘖力强，生长慢，寿命长。

3. 繁殖方法　用种子繁殖。

4. 应用　可丛植、孤植作庭荫树，亦可列植作行道树使用，因为抗污染，又是厂区绿化树种。其树皮纤维可代麻用或做造纸和人造棉原料，木材供建筑用。植株可入药，主治支气管哮喘及慢性气管炎。

（十三）朴树

朴树（*Celtis sinensis*）。科属：朴科，朴属。

1. 形态特征　落叶乔木。叶多为卵形或卵状椭圆形，但不带菱形，基部几乎不偏斜或仅稍偏斜，先端尖至渐尖，但不为尾状渐尖，果实一般直径 5～7 毫米，很少有达 8 毫米的；花期 3～4 月，果期 9～10 月。

2. 生长习性　性喜光，适宜温暖湿润气候，对土壤要求不很严格，有一定耐干旱能力，亦耐水湿及瘠薄土壤，适应力强。多生于肥沃平坦之地，诸如路旁、山坡、林缘，海拔 100～1 500 米。多生于山坡、路旁、林缘。我国产于山东（青岛、崂山）、江苏、河南、浙江、安徽、福建、江西、湖北、四川、湖南、广西、广东、贵州、台湾等地。

3. 繁殖方法　朴树通常用播种繁殖。种子 9～10 月成熟后应及时采收，摊开阴干，去杂，与沙土混拌贮藏。翌年春季 3 月播种，播种前要进行种子处理，可用沙子擦伤外种皮，方可播种，这样增加透气性从而有利于种子发芽。播后覆上一层约 2 厘米厚的细土，盖上稻草，浇一次透水，大概 10 天后即可开始发芽，出苗后揭草。苗期要注意除草、松土、追肥，并可适当间苗。

4. 应用　朴树主要用于绿化道路，栽植公园小区，景观树等。对二氧化硫、氯气等有毒有害气体的抗性较强。在园林中孤植于草坪或旷地，或列植于街道两边，尤为雄伟壮观，又因其对多种有毒气体抗性强，有较强的吸滞粉尘的能力，常被用于城市及工矿区。其绿化效果体现速度快，移栽成活率高，造价低廉。朴树树冠圆满宽广，树荫浓郁，农村"四旁"绿化都可用，也是河网区防风固堤树种。其茎皮为造纸和人造棉原料；果实榨油作润滑油；木树坚硬，可供工业用材；茎皮纤维强韧，可用做绳索和人造纤维。

（十四）小檗

小檗（*Berberis thunbergii* D. C.）。科属：小檗科，小檗属。

1. 形态特征　落叶小灌木，小枝红褐色，有沟槽，具短小针刺，刺不分叉，单叶互生，叶片小，倒卵形或匙形，先端钝，基部急狭，全缘叶，叶表暗绿，光滑无毛，背面灰绿，有白粉，两面叶脉不显，入秋叶色变红，腋生伞形花序或数花簇生，花两性，萼、瓣各 6 枚，花淡黄色，浆果长椭圆形，长约 1 厘米，熟时亮红色，具宿存花柱，有种子 1～2 粒。

2. 生长习性　对光照要求不严，喜光，也耐阴凉，喜温凉湿润的气候环境，耐寒、耐干旱、耐瘠薄，忌水积地，对土壤要求不严格，以肥沃而排水良好的沙质壤土生长发育最好，萌芽力强，耐修剪。

3. 繁殖方法　小檗繁殖主要采用扦插法，也可用分株、播种法加以繁殖。因其适应性强，长势强健，管理也很粗放。盆栽通常在春季分盆或移植上盆，如能带土球移植，则更有利于恢复生长。

4. 应用　小檗春季黄花簇簇，秋季红果满枝。可丛植池畔、草坪、墙下、岩石旁、树旁，可观果、观花、观叶，亦可栽作刺篱。小檗还可盆栽观赏，是植花篱、点缀山石的好材料。其果枝可插瓶，根、茎入药。可以清热燥湿，泻火解毒，抗菌消炎。原产于日本，我国秦岭地区也有分布（秦岭小檗）。

（十五）栓皮栎

栓皮栎（*Quercus variabilis* B. l.）。科属：壳斗科，栎属。

1. 形态特征　落叶乔木，高达 30 米，胸径达 1 米余，树皮黑褐色，木栓层发达。小枝灰棕色，无毛；芽圆锥形，芽鳞褐色，具缘毛。叶片卵状披针形或长椭圆形，长 8～20 厘米，宽 2～8 厘米，顶端渐尖，基部圆形或宽楔形，叶缘具刺芒状锯齿，叶背密被灰白色星状绒毛，侧脉每边 13～18 条，直达齿端；叶柄长 1～5 厘米，无毛。雄花序长达 14 厘米，花序轴密被褐色绒毛，花被 4～6 裂，雄蕊 10 枚或较多；雌花序生于新枝上端叶腋；壳斗杯形，包着坚果 2/3，连小苞片直径 2.5～4 厘米，高约 1.5 厘米；小苞片钻形，反曲，被短毛。坚果近球形或宽卵形，高、径约 1.5 厘米，顶端圆，果脐突起。花期 3～4 月，果期翌年 9～10 月。

2. 生长习性　性喜光，常生于山地阳坡。对气候，土壤的适应性强。耐寒，在 pH4～8 的酸性、中性及石灰性土壤中均可正常生长，既耐干旱，又耐瘠薄，以深厚、肥沃、适当湿润而排水良好的壤土和沙质壤土最适宜生长，不耐水积。

3. 繁殖方法　种子成熟时壳呈棕褐色或黄色。选择 30 年以上树龄、生长健壮、无病虫害的母树采种。采后应放在通风处摊开阴干，每天翻动 2～3 次，至种皮变淡黄色，便可贮藏。采用室内沙藏法，选通风干燥的室内或棚内，先铺一层沙，接着铺一层种子，厚度 8～10 厘米，如此重复，但堆的高度不超过 70 厘米。也可将种子和沙拌匀堆藏，防止种子发热霉烂。播种时种子需进行催芽处理，温汤浸种，自然冷却，反复 3～4 次，可提前 10 天左右发芽，发芽率可达到 80%～90%。

4. 应用　栓皮栎木材坚韧耐磨，耐水湿，纹理直，是重要用材，可供建筑、车、家具、船、枕木等用。栓皮可作绝缘、隔音、隔热、瓶塞等的原材料，并可生产软木砖、软木地板等相关软木产品。树干还是培植银耳、木耳、香菇等的材料。园林上可孤植、丛植、林植。秋季叶色金黄，煞是美观。

（十六）黄栌

黄栌（*Cotinus coggygria* Scop.）。科属：槭树科，黄栌属。

1. 形态特征　落叶小乔木或灌木，树冠圆形，高可达 3～5 米，木质部黄色；单叶互生，叶片全缘或具齿，叶柄细，无托叶，叶倒卵形或卵圆形。圆锥花序疏松、顶生、花小、杂性，仅少数发育；不育花的花梗花后伸长，被羽状长柔毛，宿存；苞片披针形，早落；花萼 5 裂，宿存，裂片披针形；花瓣 5 枚，长卵圆形或卵状披针形，长度为花萼大小的 2 倍；雄蕊 5 枚，着生于环状花盘的下部，花药卵形，与花丝等长，花盘 5 裂，紫褐色；子房近球形，偏斜，一室一胚珠；花柱 3 枚，分离，侧生而短，柱头小而退化。核果小，干燥，肾形扁平，绿色，侧面中部具残存花柱；外果皮薄，具脉纹，不开裂；内果皮角质；种子肾形，无胚乳。花期 5~6 月，果期 7~8 月。

2. 生长习性 性喜光，也耐半阴、耐寒、耐干旱、耐瘠薄、耐碱土，不耐水湿，宜植于土层深厚、肥沃而排水良好的沙质壤土中。生长快，根系发达，萌蘖性强。对二氧化硫有较强抗性。秋季当昼夜温差大于 10℃时，叶色变红。

3. 繁殖方法 黄栌萌蘖力强，分株繁殖于春季发芽前，选树干外围生长好的根蘖苗，连须根起挖，栽入圃地养苗，然后定植。扦插于春季用硬枝插繁殖，搭塑料拱棚保温保湿。生长季节在喷雾条件下，用带叶嫩枝插，用 400~500 毫克/千克吲哚丁酸处理剪口，月余即可生根。生根后停止喷雾，待须根生长时，移栽成活率较高。

4. 应用 黄栌是中国重要的秋色叶观赏树种，其树姿优美，茎、叶、花都有较高的观赏价值，特别是深秋，叶片经霜而红，美丽壮观；其果形别致，成熟果实色鲜红、艳丽夺目。著名的北京香山红叶就是该树种为优势种植物。黄栌花后久留不落的不孕花的花梗呈粉红色羽毛状，在枝头形成似云似雾的景观，远远望去，宛如万缕罗纱缭绕树间，历来被文人墨客比作"叠翠烟罗寻旧梦"和"雾中之花"，所以黄栌又有"烟树"之称。

在园林造景中适合城市天然公园、大型公园、半山坡、山地风景区内群植成林，亦可单纯成林，也可与其他树种混交成林；造景时宜表现群体景观。黄栌可布置在单位专用绿地、城市街头绿地、居住区绿地及庭园中，宜孤植或丛植于山石之侧、草坪一隅、常绿树树丛前或单株混植于其他树丛间及常绿树群边缘，从而体现其个体美和色彩美。在北方由于气候干燥等原因，园林树种色彩比较缺乏，黄栌可谓是北方园林绿化或山区绿化的首选树种。

（十七）黄连木

黄连木（*Pistacia chinensis* Bunge.）。科属：漆树科，黄连木属。

1. 形态特征 落叶乔木，高达 25～30 米；树干扭曲。树皮暗褐色，呈鳞片状剥落，幼枝灰棕色，具细小皮孔，疏被微柔毛或近无毛。奇数羽状复叶互生，有小叶 5～6 对，叶轴具条纹，被微柔毛；叶柄上面平，被微柔毛；小叶对生或近对生，纸质，披针形或卵状披针形或线状披针形，长 5～10 厘米，宽 1.5～2.5 厘米。花单性异株，先花后叶，圆锥花序腋生，雄花序排列紧密，长 6～7 厘米，雌花序排列疏松，长 15～20 厘米，均被微柔毛；花小，花梗长约 1 毫米，被微柔毛；雄蕊 3～5，花丝极短，长不到 0.5 毫米，花药长圆形，长约 2 毫米；雌蕊缺；雌花：花被片 7～9，大小不等，长 0.7～1.5 毫米，宽 0.5～0.7 毫米，披针形或线状披针形，外面被柔毛，边缘具睫毛，里面 5 片卵形或长圆形，外面无毛，边缘具睫毛；不育雄蕊缺；子房球形，无毛，径约 0.5 毫米，花柱极短，柱头 3，厚，肉质，红色。核果倒卵状球形，径约 5 毫米，成熟时紫红色。

2. 生长习性 喜光，幼时耐阴；喜温畏寒；耐干旱、耐瘠薄，对土壤要求不严，微酸性、中性和微碱性的沙质、黏质土均能适应，而以在肥沃、湿润、排水良好的石灰岩山地生长最好。深根性，主根发达，抗风力强；萌芽力强，生长慢，寿命可长达 300 年以上。对二氧化硫、氯化氢和煤烟的抗性较强。

3. 繁殖方法 秋冬播种子可以随采随播，不必进行催芽处理，也可以经选种后，清水浸泡 2 天后搓去果肉。经过冬季沙藏的种子可直接播种，也可再经过催芽待 1/3 露白时播种。没有经过冬季沙藏的种子在播种前，将干藏的果实用清水、35～45℃的草木灰温水、5％的石灰水均可浸泡2～3天，洗去果肉，然后在太阳下曝晒种子2～5小时，70％以上的种子开裂后即可播种。

可采用开沟条播，行距20～30厘米，株距5～10厘米，播种深度1～2厘米，人工撒播或机械播种，播后覆土。

4. 应用 黄连木是优良的木本油料树种，具有出油率高、油品好的特点。黄连木的树皮及叶可入药，根、枝、叶、皮还可制农药。黄连木种子油可用于制肥皂、润滑油、照明，油饼可作饲料和肥料。

黄连木先叶开花，枝叶繁茂而秀丽，树冠浑圆，早春嫩叶红色，入秋叶又变成深红或橙黄色，红色的雌花序极美观，亦是城市及风景区的优良绿化树种。适宜作行道树、庭荫树、观赏风景树，也多作"四旁"绿化及低山区造林树种。在园林中多植于坡地、草坪、山谷或亭阁、山石之旁配植。若要构成大片秋色景观，可与槭类、枫香、无患子等混植，效果更好。

（十八）银杏

银杏（*Ginkgo biloba* L.）。科属：银杏科，银杏属。

1. 形态特征 落叶乔木，胸径可达4米，幼树树皮近平滑，浅灰色，大树皮灰褐色，不规则纵裂，粗糙；有长枝、短枝之分。幼年及壮年树冠圆锥形，老则广卵形；枝近轮生，斜上伸展（雌株的大枝常较雄株开展）；冬芽黄褐色，常为卵圆形，先端钝尖。叶互生，扇形，叶脉形式为"二歧状分叉叶脉"。雌雄异株。雄球花柔荑花序状，下垂，雄蕊排列疏松，具短梗，花药常2枚，长椭圆形，药室纵裂，药隔不发；雌球花具长梗，梗端常分两叉。4月开花，10月成熟，种子具长梗，下垂，常为椭圆形、长倒卵形、卵圆形或近圆球形，长2.5～3.5厘米，径为2厘米；外种皮肉质，熟时黄色或橙黄色，外被白粉；中种皮白色，骨质，具2～3条纵脊；内种皮膜质，淡红褐色。

2. 生长习性 银杏为古老的孑遗稀有树种，系中国特产，我国浙江天目山有野生银杏，多分布于海拔 500～1 000 米、酸性黄壤、排水良好地带的天然林中，常与槭树、柳杉、蓝果树等针阔叶树种混生，生长旺盛。

为阳性树，喜湿润而排水良好的深厚壤质土，适于生长在水热条件比较优越的亚热带季风区。在酸性土、石灰性土中均可生长良好，而以中性或微酸土最适宜，不耐水积，耐旱。初期生长较慢，萌蘖性强。雌株一般 20 年左右开始结实，1 000 余年的大树仍能正常结实。

3. 繁殖方法 银杏容易发生萌蘖，故此可分株繁殖。分株繁殖一般用来培育砧木和绿化用苗。于春季可利用分蘖苗进行分株繁殖，剔除根际周围的土，用刀将带根的蘖条从母株上切下，另行栽植培育。雌株的萌蘖可以提早结果年龄。

嫁接繁殖时先从银杏良种母株上采集发育健壮的多年生枝条，剪掉接穗上的一片叶，仅留叶柄，每 2～3 个芽剪一段，然后将接穗包裹于湿布中或下端浸入水中，最好随采随接。可以从 2～3 年生的播种苗、扦插苗中选择嫁接砧木。多采用劈接、切接，将接穗削面向内，插入砧木切口，使两者吻合，形成层对准，用塑料薄膜带把接口绑扎好，嫁接后 5～8 年即可结果。

4. 应用 银杏树高大挺拔，叶形古雅似扇，冠大荫浓，降温作用明显，寿命长，无病虫害，不污染环境，树干光洁，是著名的无公害树种。银杏适应性强，对气候土壤要求都很宽泛。抗烟尘、抗火灾、抗有毒气体。银杏树春夏翠绿，深秋金黄，为著名的秋色叶树种，也是理想的行道树种。多用于行道、公路、园林绿化、田间林网、防风林带的理想栽培树种。被列为中国四大长寿观赏树种（松、柏、槐、银杏）。

（十九）青榨槭

青榨槭（*Acer davidii* Franch.）。科属：槭树科，槭属。

1. 形态特征　落叶乔木，高 10～15 米。树皮黑褐色或灰褐色，常纵裂成蛇皮状。小枝细瘦，圆柱形，无毛；当年生的嫩枝紫绿色或绿褐色，具很稀疏的皮孔，多年生的老枝黄褐色或灰褐色。冬芽腋生，长卵圆形，绿褐色，长 4～8 毫米；鳞片的外侧无毛。叶纸质，长圆卵形或近于长圆形，长 6～14 厘米，宽 4～9 厘米，叶柄细瘦，长 2～8 厘米，嫩时被红褐色短柔毛，渐老则脱落。花黄绿色，杂性，雄花与两性花同株，成下垂的总状花序，顶生于着叶的嫩枝，萼片 5，椭圆形，先端微钝，长约 4 毫米；花瓣 5，倒卵形，先端圆形，与萼片等长；雄蕊 8 枚，无毛，在雄花中略长于花瓣，在两性花中不发育，花药黄色，球形，花盘无毛，现裂纹，位于雄蕊内侧，子房被红褐色的短柔毛，在雄花中不发育。花柱无毛，细瘦，柱头反卷。翅果成熟后黄褐色。花期 4 月，果期 9 月。

2. 生长习性　耐寒，耐瘠薄，对土壤要求不严格，适宜中性土壤。主、侧根发达，萌芽性较强。生长快，栽植当年生长高度可达 2 米左右，第二年高 3～4 米。产于中国华北、华东、中南、西南各省（自治区、直辖市）。在黄河流域、长江流域和东南沿海各省（自治区、直辖市），常生于海拔 500～1 500 米的疏林中。

3. 繁殖方法　可用扦插繁殖和种子进行繁殖。

4. 应用　青榨槭叶片深绿繁茂。青榨槭的树皮颜色独具一格，似竹而胜于竹，纵向有墨绿色条纹，具有极佳的观赏效果。是城市园林、风景区等各种园林绿地的优美绿化树种。青榨槭用于园林绿化可培育主干型或丛株型。植株可入药。

（二十）元宝枫

元宝枫（*Acer truncatum* Bunge.）。科属：槭树科，槭属。

1. 形态特征　落叶大乔木，高达 10 米，单叶对生，掌状 5 裂，裂片先端渐尖，叶基通常截形，最下部两裂片有时向下开展。花小而黄绿色，花成顶生聚伞花序，4 月花与叶同放。翅果扁平，翅较宽而略长于果核，形似元宝，故得名。

2. 生长习性 性喜温凉湿润气候，耐阴、耐寒。对土壤要求不严，在中性土、酸性土及石灰性土中均能很好地生长，但以肥沃、湿润、土层深厚的中性土生长最好。深根性，生长速度中等，病虫害较少。对二氧化硫、氟化氢等有害气体的抗性较强，吸附粉尘的能力亦较强。

3. 繁殖方法 元宝枫主要是用种子播种进行繁殖，翅果成熟后及时采集，采后晾晒 3～5 天，去杂后即为播种材料。苗圃地选择应注重在地势平缓、交通便利、背风向阳、灌溉方便、质地疏松、土层深厚、排水良好的沙壤地，pH6.7～7.8 为好。在播种前需要进行低温层积催芽，将种子温汤浸种（用 40～45℃温水浸泡 24 小时左右，中间换 1～2 次水），种子捞出保湿，每天冲洗 1～2 次，待种子露白，即可进行播种。

一般以春播为好，4 月初至 5 月中、上旬为播期，条播行距为 15 厘米，播种深度为 3～5 厘米，播种量每公顷 200～250 千克，播种后覆土 2～3 厘米厚，略镇压，播前灌足底水，一般经半月可发芽出土。

4. 应用 元宝枫新叶有色，秋季叶黄、红、紫红色，叶形秀丽，树姿优美，为优良的观叶树种。多用于道路绿化，宜作孤植树、行道树、庭荫树或风景林树种。元宝枫抗性好，是优良的防护林、工矿区绿化、用材林树种。其木材坚硬，为优良的家具、雕刻、建筑、细木工用材。树皮纤维可造纸及代用棉。

（二十一）五角枫

五角枫（*Acer mono* Maxim. ）。科属：槭树科，槭属。

1. 形态特征 落叶乔木，高达 15～20 米，树皮粗糙，常纵裂，灰色，稀深灰色或灰褐色。冬芽近于球形，鳞片卵形，外侧无毛，边缘具纤毛。叶纸质，基部截形或近于心脏形，叶片近于椭圆形，长 6～8 厘米，宽 9～11 厘米，常 5 裂；花多数，杂性，雄花与两性花同株，多数常成无毛的顶生圆锥状伞房花序，长与宽均约 4 厘米，生于有叶的枝上，花序的总花梗长 1～2 厘米，花的开放与叶的生长同时；花瓣 5 枚，淡白色，椭圆形或椭圆倒卵形，长约 3 毫米；雄蕊 8 枚，无毛，比花瓣短，位于花盘内侧的边缘，花药黄色，椭圆形；翅果嫩时紫绿色，成熟时淡黄色；翅长圆形，宽 5～10 毫米，连同小坚果长 2～2.5 厘米，张开成锐角或近于钝角。花期 5 月，果期 9 月。

2. 生长习性 耐阴，深根性，对土壤要求不严格，更喜湿润肥沃土壤，在酸性、中性、石灰岩上也可正常生长。生于海拔 800～1 500 米的山坡或山谷疏林中。多分布于林缘、林中、山谷栎林下、旱山坡、河边、河谷、路边、疏林中、山坡阔叶林中。

3. 繁殖方法 播种繁殖于 4 月中旬进行。采取条播，每亩播种量 20～25 千克。种子播前要经过湿沙层积催芽。播种后经过 2～3 周种子发芽出土，湿沙层积催芽的种子可提前出土，出土后加强苗期管理。1 年生苗高可达 70 厘米，除此之外，还要注意干形塑造，应加强冠形修剪。

4. 应用 五角枫树皮纤维良好，可用作人造棉及造纸的原料，叶含鞣质，种子可榨油，可供工业方面的用途，也可食用。木材细密，可供车辆、建筑、乐器和胶合板等制造之用。五角枫叶色丰富，其中秋季紫红变色型，红叶期长、观赏性较高，极具开发前景，是优良的乡土彩色叶树种资源。

（二十二）茶条槭

茶条槭（*Acer ginnala* Maxim.）。科属：槭树科，槭属。

1. 形态特征 落叶大灌木或小乔木，高达 6 米。树皮灰褐色。幼枝绿色或紫褐色，老枝灰黄色。单叶对生，纸质，卵形或长卵状椭圆形，长 5～9 厘米，宽 3～6 厘米，通常 3 裂或不明显 5 裂，或不裂，中裂片大而长，基部圆形或近心形，边缘为不整齐疏重锯齿，近基部全缘；叶柄细长。花同株杂性，顶生伞房花序，花瓣 5，白色；雄蕊 8 枚，着生于花盘内部，淡绿色或带黄色。

翅果深褐色，长 2.5～3 厘米；小坚果扁平，长圆形；翅长约 2 厘米，有时呈紫红色，两翅直立，展开成锐角或两翅近平行，相重叠。花期 5～6 月，果熟期 9 月。

2. 生长习性 阳性树种，耐阴，耐寒，喜湿润土壤，耐旱，耐瘠薄，抗性强，适应性广。常多生于海拔 800 米以下的河岸、向阳山坡、湿草地，散生或形成丛林，在半阳坡或半阴坡杂木林缘也有分布。

3. 繁殖方法 当翅果成熟成黄褐色即可采收。除杂后装袋置于冷室贮藏。春播前月余，将种子放到 30℃ 1％ 苏打水溶液中浸泡 2 小时，自然冷却；后将种子用干净的冷水浸泡 3～5 天，每天换水 1 次，4～5 天后把种子捞出再浸入 0.5％ 的高锰酸钾溶液中消毒 3～4 小时，捞出种子用清水洗净药液后将种子混入 3 倍体积的干净湿河沙中，把种子、沙混合物置于 5～10℃ 的低温下，保持 60％ 的湿度，一月左右种子有咧嘴时可播种。

播种地应选择土壤肥沃、排水良好的壤土、沙壤土地块，提前进行秋整地。种子播后 15 天左右即能发芽出土，适当间苗定苗，适时除草和松土。2 年生苗木高 90～140 厘米，3 年生苗木高 130～170 厘米。

4. 应用 茶条槭树干直，花有清香，夏季果翅红色美丽，秋叶鲜红，翅果成熟前也红艳可观，是较好的秋色叶树种，也是良好的庭园观赏树种，可栽作绿篱及小型行道树，也可丛植、群植、盆栽。

四、观形类

（一）华山松

华山松（*Pinus armandii* Franch.）。科属：松科，松属。

1. 形态特征 乔木，高可达 35 米，胸径 1 米；幼树树皮灰绿色或淡灰色，平滑，老则呈灰色，裂成方形或长方形厚块，或脱落；枝条平展，形成圆锥形或柱状塔形树冠；一年生枝绿色或灰绿色，无毛，微被白粉；冬芽近圆柱形，褐色，微具树脂，芽鳞排列疏松。针叶 5 针一束，稀 6～7 针一束，长 8～15 厘米，径 1～1.5 毫米，边缘具细锯齿。雄球花黄色，卵状圆柱形，长约 1.4 厘米，基部围有近 10 枚卵状匙形的鳞片，多数集生于新枝下部成穗状，排列较疏松。球果圆锥状长卵圆形，长 10～20 厘米，径 5～8 厘米，幼时绿色，成熟时黄色或褐黄色，种鳞张开，种子脱落，果梗长 2～3 厘米；种子黄褐色、暗褐色或黑色，倒卵圆形，长 1～1.5 厘米，径 6～10 毫米，无翅或两侧及顶端具棱脊，稀具极短的木质翅；花期 4～5 月，球果第二年 9～10月成熟。

2. 生长习性 阳性树种，幼苗略喜阴。喜温和、凉爽、湿润之气候，自然分布于年均温在 15℃ 以下、年降水量 600～1 500 毫米、年均相对湿度大于 70% 之地。耐寒，可耐－31℃的绝对低温。不耐热，在高温季节生长不良。喜排水良好，最适宜湿润、深厚、疏松的中性或微酸性壤土。不耐盐碱，耐瘠薄。在气候温凉而湿润、酸性黄壤、钙质土或黄褐壤土上，可组成单纯林或与针叶阔叶种混生。

3. 繁殖方法 可用扦插繁殖和播种繁殖。

4. 应用 华山松不仅是风景树及薪炭林，还能够涵养水源，防止风沙，保持水土。华山松挺拔高大，树皮灰绿色，叶 5 针一束，姿态奇特，冠形优美，为良好的绿化风景树。为点缀庭院、校园、公园的珍品。可孤植，也可植于流水边、假山旁更有诗情画意。华山松树形优美，在园林中可用作庭荫树、园景树、行道树及林带树，亦可用于群植、丛植。为高山风景区的优良风景林树种之一。

（二）白皮松

白皮松（*Pinus bungeana* Zucc.）。科属：松科，松属。

1. 形态特征　乔木，高达 30 米，胸径可达 3 米；枝较细长，斜展，形成宽塔形至伞形树冠；幼树树皮光滑，灰绿色，长大后树皮成不规则的块片脱落，露出淡黄绿色的新皮，老则树皮呈淡褐灰色或灰白色，裂成不规则的鳞状块片脱落，脱落后近光滑，露出粉白色的内皮，白褐相间成斑鳞状；冬芽红褐色、卵圆形、无树脂。针叶 3 针一束，粗硬，长 5～10 厘米，径 1.5～2 毫米，叶背及腹面两侧均有气孔线。球果通常单生，初直立，后下垂，成熟前淡绿色，熟时淡黄褐色，卵圆形或圆锥状卵圆形，长 5～7 厘米，径 4～6 厘米，有短梗或几无梗；种鳞矩圆状宽楔形，先端厚，鳞盾近菱形，有横脊，鳞脐生于鳞盾的中央，明显，三角状，顶端有刺，刺之尖头向下反曲，稀尖头不明显；种子灰褐色，近倒卵圆形，长约 1 厘米，径 5～6 毫米。花期 4～5 月，球果第二年 10～11 月成熟。

2. 生长习性　多生于海拔 500～1 800 米地带。喜光，耐瘠薄土壤，耐寒性强；在气候温凉、土层深厚、肥沃的钙质土和黄土上生长发育良好。

3. 繁殖方法　白皮松一般多用播种繁殖，育苗地要选择地势平坦、排水良好、土层深厚的沙壤土为好。为减少松苗立枯病，应在土壤解冻后立即播种。由于忌涝，应采用高床播种，播前浇足底水，每 10 平方米用 1 千克左右种子，可产苗 1 000～2 000 株。播后覆土 1～1.5 厘米。播种后幼苗带壳出土，约 20 天自行脱落，这段时间要防止鸟害。幼苗期要搭棚遮荫，防止日灼病，入冬前埋土防寒。

嫁接繁殖如采用嫩枝嫁接繁殖，应将白皮松嫩枝嫁接到油松大龄砧木上。白皮松嫩枝嫁接到 3～4 年生油松砧木上，一般成活率可达 85％～95％，且亲和力强，生长快。接穗应选生长健壮无病虫的新梢，其粗度以 0.5 厘米为好。

4. 应用　木材可供房屋建筑、家具、文具等用材；种子可食。白皮松树姿优美，树皮奇特，观赏价值高，故此在园林配置上用途十分广阔，它可以孤植、对植，也可丛植成林或作行道树，均能获得较好的观赏效果。它适于庭院中堂前，亭侧栽植，使苍松奇峰相映成趣，颇为壮观。干皮斑驳美观，针叶 3 针一束短粗而亮丽，是上佳的历史园林绿化传统树种，在江南私家园林中多见白皮松古树。

（三）油松

油松（*Pinus tabuliformis* Carriere.）。科属：松科，松属。

1. 形态特征　高大乔木，高可达 25 米，胸径可达 1 米以上；树皮灰褐色或褐灰色，裂成不规则较厚的鳞状块片，裂缝及上部树皮红褐色；枝平展或向下斜展，老树树冠平顶成盘伞状，小枝较粗，褐黄色，无毛，幼时微被白粉；冬芽矩圆形，顶端尖，微具树脂，芽鳞红褐色，边缘有丝状缺裂。针叶 2 针一束，深绿色，粗硬，长 10～15 厘米，径约 1.5 毫米，边缘有细锯齿，两面具气孔线。雄球花圆柱形，长 1.2～1.8 厘米，在新枝下部聚生成穗状。球果卵形或圆卵形，长 4～9 厘米，有短梗，向下弯垂，成熟前绿色，熟时淡黄色或淡褐黄色，常宿存树上近数年之久；种子卵圆形或长卵圆形，淡褐色有斑纹。花期 4～5 月，球果第二年 10 月成熟。

2. 生长习性　喜光，深根性树种，喜干冷气候。对土壤要求不严，在土层深厚肥沃、排水良好的酸性、中性或钙质黄土上均能生长良好。

3. 繁殖方法　春季育苗为了能促使种子早出苗，先用冷水将种浸泡 12 小时后，捞出种子再用 40℃的温水浸 12 小时。捞出种子催芽，每天应冲水 3～4 次，待到 4～5 天后，油松种子开始萌动，发现有咧口种子更有胚芽出现时就要及时将种子摊开，于通风处晾干表面水分后立即播入苗床内，并要做保墒镇压工作，使种子与土壤密接。

幼苗出齐后还应注意追肥（N、P、K），以促使幼苗健康成长。如果油松育苗地施入有机肥较多，则易受地下害虫危害。因此，要防止地下害虫，主要害虫有金针虫、蛴螬、蝼蛄等害虫，可用毒谷或化学药剂加以防治，减少危害。

4. 应用　油松树干挺拔苍劲，四季常春，树形优美，多作行道树、孤植树。油松作行道树成行种植的株行距以 6～8 米为好。在古典园林中作为主要景物（孤植），以一株即成一景者极多，至于三五株组成美丽景物者更多。其他作为背景、配景、框景等屡见不鲜。在园林配植中，除了适于作独植、丛植、纯林群植外，亦宜行混交种植。

（四）侧柏

侧柏［*Platycladus orientalis*（L.）Franco.］。科属：柏科，侧柏属。

1. 形态特征　乔木，高达 20 余米，胸径 1 米；树皮薄，浅灰褐色，纵裂成条片；枝条向上伸展或斜展，幼树树冠卵状尖塔形，老树树冠则为广圆形；生鳞叶的小枝细，向上直展或斜展，扁平，排成一平面。叶鳞形，长 1～3 毫米，先端微钝，小枝中央的叶露出部分呈倒卵状菱形或斜方形，背面中间有条状腺槽，两侧的叶船形，先端微内曲，背部有钝脊，尖头的下方有腺点。雄球花黄色，卵圆形，长约 2 毫米；雌球花近球形，径约 2 毫米，蓝绿色，被白粉。球果近卵圆形，长 1.5～2.5 厘米，成熟前近肉质，蓝绿色，被白粉，成熟后木质，开裂，红褐色；种子卵圆形或近椭圆形，顶端微尖，灰褐色或紫褐色，长 6～8 毫米，稍有棱脊，无翅或有极窄之翅。花期 3～4 月，球果 10 月成熟。

2. 生长习性　性喜光，幼时耐阴，适应性强，对土壤要求不严格，在中性、酸性、石灰性和轻盐碱土壤中均可正常生长。

耐干旱，耐瘠薄，萌芽能力强，耐寒，耐强光，耐高温，根浅，抗风能力较弱。在干燥、贫瘠的山地上，植株细弱，生长缓慢。萌芽性强，耐修剪，寿命长，抗烟尘，抗二氧化硫、氯化氢等有害气体，在全国广布，为中国应用最普遍的观赏树木之一。含盐量 0.2 %左右亦能适应生长。

3. 繁殖方法　种子成熟后采集、去杂、水选。用 0.3％～0.5％硫酸铜溶液浸种 1～2 小时，或 0.5％高锰酸钾溶液浸种 2小时，进行种子消毒。然后，进行种子催芽处理。按种子体积的2 倍混进细沙，拌匀，沙子湿度以手握成团不出水为宜，种沙温度常维持在 12～15℃，逐日翻动 2～3 次，并随时喷洒温水，维持适当的温、湿度，以促进种子萌发。待到有些种子萌动，有1/3 种子咧口，即可播种。

北方地区侧柏多采取高床或高垄育苗，在一些干旱地区也采取低床育苗。同样播种前要灌透底水，然后用手推播种碌或手工开沟条播。苗木生长期要及时除草松土。

4. 应用　侧柏在园林绿化中，有着不可或缺的地位。多用于亭园、道路、大门两侧、绿地周围、路边花坛及墙垣内外，均极美观。小苗可作绿篱，作隔离带围墙点缀。侧柏对污浊空气具有很强的抗性，可使用在污染严重地区的园林绿化。侧柏配植于花坛、草坪、林下、山石旁，可增加绿化层次，丰富观赏美感。寺庙园林中多见其古树。

（五）圆柏

圆柏 [*Sabina chinensis* (L.) Ant.]。科属：柏科，圆柏属。

1. 形态特征　乔木，高达 20 米，胸径达 3.5 米；树皮深灰色，纵裂，成条片开裂；幼树的枝条通常斜上伸展，形成尖塔形树冠，老则下部大枝平展，形成广圆形的树冠；树皮灰褐色，纵裂，裂成不规则的薄片脱落；小枝通常直或稍成弧状弯曲，生鳞叶的小枝近圆柱形或近四棱形，径 1～1.2 毫米。叶二型，即刺叶及鳞叶；刺叶生于幼树之上，老龄树则全为鳞叶，壮龄树兼有刺叶与鳞叶；雌雄异株，稀同株，雄球花黄色，椭圆形，长2.5～3.5毫米，雄蕊5～7对，常有3～4花药。球果近圆球形，径6～8毫米，两年成熟，熟时暗褐色，被白粉或白粉脱落。

2. 生长习性　喜光，较耐阴，喜温凉、温暖气候及湿润土壤。忌积水，耐修剪，易整形。耐寒、耐热，对土壤要求不严，能生于酸性、中性及石灰质土壤上。但以在中性、深厚而排水良好处生长最佳。深根性，侧根也很发达，生长速度中等，寿命极长。对多种有害气体有一定抗性，是针叶树中对氯气和氟化氢抗性较强的树种。

3. 繁殖方法　圆柏可用软枝或硬枝扦插法繁殖，于秋末用50厘米长粗枝行泥浆扦插法，成活率颇高。扦插基质多用营养土或河沙、泥炭土等材料。进行嫩枝扦插时，在春末至早秋植株生长旺盛时，选用当年生粗壮、无病虫枝条作为插穗。把枝条剪下后剪成10～15厘米长的一段，每段要带3个以上的节。剪取插穗时需要注意上面的剪口平剪，下面的剪口斜剪，上下剪口都要平整。有遮荫的条件下，给插穗进行喷雾，每天3～5次，晴天温度越高，喷的次数越多；阴雨天温度越低，喷的次数则少或不喷。

压条繁殖时选取健壮的枝条，从顶梢以下15～30厘米处把树皮剥掉一圈，剥后的伤口宽度在1厘米左右，深度以把表皮剥掉为限。剪取一块长10～20厘米、宽5～8厘米的薄膜，上面放些淋湿的园土，把环剥的部位包扎起来，薄膜的上下两端扎紧，中间鼓起。约一个月后生根。生根后把带根枝条剪下，就成了一棵新的植株。

4. 应用　圆柏树形优美，大树干枝扭曲，姿态奇古，可以独树成景，是中国传统的园林树种之一，在庭院中用途极广。由于耐修剪，又有很强的耐阴性，故作绿篱优良，下枝不易干枯，冬季颜色不变褐黄色，还可植于建筑之北侧阴凉处。其树形优美，青年期呈整齐之圆锥形，老树则干枝扭曲，古庭院、古寺庙等风景名胜区多有千年古柏。也可以群植草坪边缘作背景，或丛植片林、镶嵌树丛的边缘、建筑附近。可行道树，作绿篱，还可以作桩景材料。

（六）红豆杉

红豆杉 ［*Taxus chinensis*（Pilger）Rehd.］。科属：红豆杉科，红豆杉属。

1. 形态特征　高可达 30 米，胸径 65～100 厘米；树皮灰褐色、红褐色或暗褐色，成条片脱落；大枝开展，一年生枝绿色或淡黄绿色，秋季变成绿黄色或淡红褐色，二、三年生枝黄褐色、淡红褐色或灰褐色；冬芽黄褐色、淡褐色或红褐色，有光泽；叶条形，雌雄异株，雄球花单生于叶腋，雌球花的胚珠单生于花轴上部侧生短轴的顶端，基部有圆盘状假种皮。种子扁卵圆形，有 2 棱，种卵圆形，假种皮杯状、红色。种子用来榨油，也可入药。属浅根植物，其主根不明显，侧根发达。

产于甘肃南部、陕西南部、四川、云南东北部及东南部、贵州西部及东南部、湖北西部、湖南东北部、广西北部和安徽南部（黄山），常生于海拔 1 000～1 200 米以上的高山上部。

2. 生长习性　性喜凉爽湿润气候，可耐－30℃以下的低温，抗寒性强，最适温度 20～25℃，属阴性树种。喜湿润，但怕涝，适于在疏松湿润排水良好的沙质壤土上种植。红豆杉在中国南北各地均适宜种植，要求土壤 pH5.5～7.0。多生于山顶多石或瘠薄的土壤之上，呈灌木状。

3. 繁殖方法　红豆杉大多用种子繁殖。种子成熟后采收，将肉质种皮清洗干净晾干，随即用湿沙层积埋藏在背阴干燥处。夏秋两季每月翻动种子 2 次，到次年 3 月初即可播种育苗。苗床要求深翻并精细耕作。种子均匀散播于床面上，每平方米播种量在 200 粒左右，播种后用木板略镇压，适当喷水，一般 40 天后可发芽出苗。播种前要搓伤种皮、温水浸种、药剂激素处理。出苗后遮荫是育苗的关键技术。保持透光度在 40% 左右为宜。

红豆杉的扦插繁育，以春季嫩枝、秋季硬枝为好。扦插时要低棚遮荫处理。扦插基部要做谨慎的生根处理。扦插苗在第一年生根过程中，地上部分生长缓慢，但生根迅速，侧根发达；第二年移栽时要进一步遮荫处理，加强苗床管理。

4. 应用 园林上可利用珍稀红豆杉树制作高档的树桩盆景。红豆杉具有观茎、观枝、观叶、观果的多重观赏价值。红豆杉能净化室内空气，吸收室内有毒气体。红豆杉属于 CAM 类树种，能吸收二氧化碳，释放出氧气，是个白天晚上都可以用的天然氧吧。经现代环境监测证明，红豆杉对很多毒气比如二氧化硫、一氧化碳等都具有吸收进体内，净化室内空气的作用。可提取紫杉醇治疗癌症。

（七）山杨

山杨（*Populus davidiana*）。科属：杨柳科，杨属。

1. 形态特征 大乔木，高达 25 米，胸径约 60 厘米。树皮光滑灰绿色或灰白色；小枝圆筒形，光滑，赤褐色，萌枝被柔毛。芽卵形或卵圆形，无毛，微有黏质。叶三角状卵圆形或近圆形，长、宽近等，长 3～6 厘米，先端钝尖、急尖或短渐尖，基部圆形、截形或浅心形，边缘有密波状浅齿，发叶时显红色，萌枝叶大，三角状卵圆形，下面被柔毛；叶柄侧扁，长 2～6 厘米。花序轴有疏毛或密毛；苞片棕褐色，掌状条裂，边缘有密长毛；雄花序长 5～9 厘米，雄蕊 5～12 枚，花药紫红色；雌花序长 4～7 厘米；子房圆锥形，柱头 2 深裂，带红色。果序长达 12 厘米；蒴果卵状圆锥形，长约 5 毫米，有短柄，2 瓣裂。花期 3～4 月，果期 4～5 月。

2. 生长习性 为阳性树种，耐寒、耐旱、耐瘠薄，在微酸性至中性土壤皆可正常生长。生长稍慢，20 年生高 12 米，一般寿命约 60 年，长者可达百余年。

3. 繁殖方法 山杨根萌、分蘖能力较强，可用分根分蘖及种子繁殖，插条栽干不易成活，干部易染心腐病，难成大材。

4. 应用 木材白色，轻软，富弹性，可供造纸、火柴杆及民房建筑等用；树皮可作药用或提取栲胶；萌枝条可以编筐；幼枝及叶为动物饲料；新叶红艳、美观供观赏树；在绿化荒山保持水土方面有较大作用。

（八）毛白杨

毛白杨（*Populus tomentosa*）。科属：杨柳科，杨属。

1. 形态特征 乔木，高达 30 米。树皮幼时暗灰色，壮时灰绿色，渐变为灰白色，老时基部黑灰色，纵裂，粗糙，干直或微弯，皮孔菱形散生；芽卵形，花芽卵圆形或近球形，微被毡毛。长枝叶阔卵形或三角状卵形，长 10～15 厘米，宽 8～13 厘米，先端短渐尖，基部心形或截形，边缘深齿牙缘或波状齿牙缘，上面暗绿色，光滑；下面密生毡毛，后渐脱落；叶柄上部侧扁，长 3～7 厘米；短枝叶通常较小，长 7～11 厘米，宽 6.5～10.5 厘米，卵形或三角状卵形，先端渐尖，上面暗绿色有金属光泽，下面光滑，具深波状齿牙缘；叶柄稍短于叶片，侧扁，先端无腺点。雄花序长 10～20 厘米，雄花苞片约具 10 个尖头，密生长毛，雄蕊 6～12，花药红色；雌花序长 4～7 厘米，苞片褐色，尖裂，沿边缘有长毛；子房长椭圆形，柱头 2 裂，粉红色。果序长达 14 厘米；蒴果圆锥形或长卵形，2 瓣裂。花期 3 月，果期 4 月～5 月。

2. 生长习性 深根性树种，耐旱力强，在壤土、黏土、沙壤上或轻度盐碱土均能很好生长。在水肥条件充足的地方生长最快，是中国速生树种之一。多喜生于海拔 1 500 米以下的温和平原地区。

3. 繁殖方法 可用播种、插条、埋条、留根、嫁接等方法繁殖，以扦插繁殖为主。选择雄性毛白杨优良品种培育小苗；移栽宜在早春或晚秋进行，适当深栽；培养胸径 4~6 厘米的苗木后，定植密度为 500~800 棵/亩，2~3 年后可间苗销售，留床苗继续培养大苗。

4. 应用 其木材白色，纤维含量高，易干燥，纹理直，易加工，可做家具、建筑、箱板及火柴杆、造纸等用材，也是人造纤维的原料。毛白杨材质好，速生，寿命长，耐旱，耐盐碱，树姿优美，为各地群众所喜爱的优良庭园绿化或行道树，也是华北地区速生用材造林树种。

(九) 旱柳

旱柳（*Salix matsudana* Koidz.）。科属：杨柳科，柳属。

1. 形态特征 落叶乔木，高可达 20 米，胸径达 80 厘米。树冠广圆形；树皮暗灰黑色，有纵裂沟；枝细长，直立或斜展，浅褐黄色或带绿色，后变褐色，无毛，幼枝有毛。芽微有短柔毛。叶披针形，长 5~10 厘米，宽 1~1.5 厘米，先端长渐尖，基部窄圆形或楔形，上面绿色，无毛，有光泽；下面苍白色或带白色，有细腺锯齿缘，幼叶有丝状柔毛；叶柄短，长 5~8 毫米。花序与叶同时开放；雄花序圆柱形，长 1.5~3 厘米，粗 6~8 毫米；雄蕊 2 枚，花丝基部有长毛，花药卵形，黄色；雌花序较雄花序短，长达 2 厘米，粗 4 毫米，有 3~5 小叶生于短花序梗上；果序长达 2 厘米。花期 4 月，果期 4~5 月。

2. 生长习性 性喜光，耐寒，湿地旱地皆能生长，但以湿润而排水良好的壤土生长最好；根系发达，抗风能力强，生长快，易繁殖。

3. 繁殖方法 旱柳对病虫害和大气污染抵抗性强。繁殖容易。喜湿润、排水良好的沙壤土，忌黏土及低洼积水，在干旱沙丘上生长发育不良。深根性，萌芽力强，生长快，寿命长。多用种子、扦插和埋条等方法繁殖，以扦插育苗为主，播种育苗亦可。扦插育苗，技术要求简单，方法简便，园林育苗生产上广泛应用。

4. 应用 旱柳树冠丰满，枝条柔软，是中国北方常用的庭荫树和行道树。常栽培在河湖岸边或孤植于草坪，对植于建筑两旁。可用作防护林及沙荒造林、公路树及农村"四旁"绿化等，也是早春蜜源树种。在北方园林中，由于种子成熟后柳絮飘扬，污染环境，故在工厂、街道路旁等处，最好栽植雄株。

（十）垂柳

垂柳（*Salix babylonica*）。科属：杨柳科，柳属。

1. 形态特征 乔木，高达 12～18 米，树冠开展而疏散。树皮灰黑色，不规则开裂；枝细，下垂，淡褐黄色、淡褐色或带紫色，无毛。芽线形，先端急尖。叶狭披针形或线状披针形，长9～16 厘米，宽 0.5～1.5 厘米，先端长渐尖，基部楔形，两面无毛或微有毛，上面绿色，下面色较淡，锯齿缘；叶柄长 5～10毫米，有短柔毛；花序先叶开放，或与叶同时开放；雄花序长1.5～3 厘米，有短梗，轴有毛；雄蕊 2 枚，花丝与苞片近等长或较长，基部多少有长毛，花药红黄色；蒴果长 3～4 毫米，带绿黄褐色。花期 3～4 月，果期 4～5 月。

2. 生长习性 性喜光，喜温暖、湿润气候及潮湿深厚的酸性及中性土壤。耐寒，耐水湿，亦能生于土层深厚的高燥地区。萌芽力强，根系发达，速生，15 年生树高达 13 米。根系发达，对有毒气体有一定的抗性，并能吸收二氧化硫。

3. 繁殖方法 多用插条繁殖，也可用种子繁殖。选当年生健壮柳树枝条，粗度一般达到 0.5 厘米以上，剪成长 10～20 厘米插穗，放背阴干燥处，用干净湿河沙贮藏。次年春季，土壤解冻后，施腐熟的有机基肥，撒匀后整地做畦。扦插深度以插条上端和地面平齐为宜。插后插条的两侧用脚踏实，浇透水。及时松土、除草、补充水分和防治病虫害。垂柳也可嫁接繁殖，一般常采用芽接、劈接、插皮接和双舌接等方法。

4. 应用 垂柳枝条细长，生长迅速，自古以来深受中国人民喜爱。最宜配植在水边，如桥头、河流、池畔、湖泊等水系沿岸处。与桃花间植可形成桃红柳绿之景，如西湖苏堤，是江南园林春景的特色配植方式之一。垂柳也可作行道树、庭荫树。多用于工厂绿化，还可固堤护岸。

（十一）核桃楸

核桃楸（*Juglans mandshurica* Maxim.）。科属：胡桃科，胡桃属。

1. 形态特征 乔木，可高达 20 米；枝条扩展，树冠扁圆形；树皮灰色，具浅纵裂；幼枝被有短茸毛。奇数羽状复叶生于萌发条上者长可达 80 厘米，叶柄长 9～14 厘米，小叶 15～23 枚，长 6～17 厘米，宽 2～7 厘米；小叶 9～17 枚，椭圆形至长椭圆形或卵状椭圆形至长椭圆状披针形，边缘具细锯齿，上面初被有稀疏短柔毛，后来除中脉外，其余无毛，深绿色；下面色淡，被贴伏的短柔毛及星芒状毛；雄性柔荑花序长 9～20 厘米，花序轴被短柔毛。雄花具短花柄；雄蕊 12 枚、稀 13 或 14 枚，花药长约 1 毫米，黄色，药隔急尖或微凹，被灰黑色细柔毛。雌性穗状花序具 4～10 雌花，花序轴被有茸毛。雌花长 5～6 毫米，被有茸毛，下端被腺质柔毛。果实球状、卵状或椭圆状，顶端尖，密被腺质短柔毛，长 3.5～7.5 厘米，径 3～5 厘米；果核长 2.5～5 厘米，表面具 8 条纵棱，其中两条较显著。花期 5 月，果期 8～9 月。

2. 生长习性 性喜冷凉干燥气候，耐寒，不耐阴，以土层深厚、疏松肥沃、排水良好的向阳沟谷栽培为好。耐干旱、耐瘠薄。为喜光、喜湿润生境的阳性树种，根系发达。萌蘖性和萌芽力较强，疏林内天然更新良好，生长较快。

3. 繁殖方法　种子繁殖时选粒大饱满、无病虫害的种子催芽处理，用湿沙贮藏，次年春播种筛出种子，摊放翻晒，待种子有较多咧口时，于4~5月播种。秋播不用催芽，可直接播种。扦插繁殖常于春末秋初用当年生的枝条进行嫩枝扦插，或于早春用前一年生的枝条进行老枝扦插。

4. 应用　核桃的药用价值高，中医应用广泛。核桃可用于神经衰弱、高血压、冠心病、肺气肿、胃痛等症的治疗。其材质坚硬，可作军需之材。园林上可作孤植树、庭荫树、行道树。植株可分泌杀菌素，是著名的卫生保健树种。

（十二）枫杨

枫杨（*Pterocarya stenoptera* C. DC.）。科属：胡桃科，枫杨属。

1. 形态特征　大乔木，高可达30米，胸径达1米；幼树树皮平滑，浅灰色，老时则深纵裂；小枝灰色至暗褐色，具灰黄色皮孔，具片状髓；叶多为偶数或稀奇数羽状复叶，长8~16厘米，叶柄长2~5厘米，叶轴具翅不甚发达，与叶柄一样被有疏或密的短毛；小叶10~16枚，无小叶柄，对生或稀近对生，长椭圆形至长椭圆状披针形，长8~12厘米，宽2~3厘米，顶端常钝圆或稀急尖，基部歪斜。雄性柔荑花序长6~10厘米，单独生于去年生枝条上叶痕腋内，花序轴常有稀疏的星芒状毛。雄花常具1（稀2或3）枚发育的花被片，雄蕊5~12枚。雌性柔荑花序顶生，长10~15厘米。果序长20~45厘米，果序轴常被有宿存的毛。果实长椭圆形，长6~7毫米，果翅狭，条形或阔条形，长12~20毫米，宽3~6毫米，具近于平行的脉。花期4~5月，果熟期8~9月。

2. 生长习性　性喜光，不耐阴，耐湿，但不耐长期积水。深根性树种，主根明显，侧根发达。喜深厚肥沃、湿润之地，以雨量充沛的暖温带和亚热带气候较为适宜。萌芽力强，生长快。

有害气体侵害后叶片迅速由绿色变为红褐色至紫褐色，易脱落。枫杨初期生长较慢，后期生长速度加快。

3. 繁殖方法 利用种子繁殖时，选择 10～20 年生，干形通直，发育健壮，无病虫的母树上采种。采回后可当年播种；也可去翅晒干后贮藏或拌沙贮藏，至翌年春季或秋季播种。春播于 3～4 月先用温汤浸种，冷却后换清水浸种 1～2 天，按 20～25 厘米行距条播，亩播种量为 8～10 千克。苗期进行间苗，并做好除草排灌、松土、施肥和病虫害防治工作。

4. 应用 枫杨树冠广展，枝叶茂密，生长快速，根系发达，为河床两岸低洼湿地和平原湖区的良好绿化树种，还可防治水土流失。枫杨可以作为行道树种植，也可孤植或成片种植于草坪及坡地。

（十三）槲栎

槲栎（*Quercus aliena* B. l.）。科属：壳斗科，栎属。

1. 形态特征 落叶乔木，高达 30 米；树皮暗灰色，深纵裂。老枝暗紫色，具多数灰白色突起的皮孔；小枝灰褐色，近无毛，具圆形、淡褐色皮孔；芽卵形，芽鳞具缘毛。叶片长椭圆状倒卵形至倒卵形，长 10～30 厘米，宽 5～14 厘米，顶端微钝或短渐尖，基部楔形或圆形，叶缘具波状钝齿，叶背被灰棕色细绒毛。雄花序长 4～8 厘米，雄花单生或数朵簇生于花序轴，花被 6 裂，雄蕊通常 10 枚；雌花序生于新枝叶腋，单生或 2～3 朵簇生。壳斗杯形，包着坚果约 1/2，直径 1.2～2 厘米，高 1～1.5 厘米；小苞片卵状披针形，长约 2 毫米，排列紧密，被灰白色短柔毛。坚果椭圆形至卵形，直径 1.3～1.8 厘米，高 1.7～2.5 厘米。花期 4～5 月，果期 9～10 月。

2. 生长习性 性喜光，耐瘠薄、耐旱、稍耐阴、耐火、耐烟尘，抗风、抗有害气体能力强。适合于土层深厚的壤土及沙质黏土生长。多生于海拔 100～2 000 米的向阳山坡，常与其他树种伴生构成混交林。

3. 繁殖方法 播种繁殖为主，选择平坦、地势高燥、排灌良好的沙壤土作圃地，整平作床，并施足基肥。播种前将种子放在水中浸泡 1 天，捞出后摊放于阴凉处晾干。春播为 3 月下旬，秋播在种子成熟后随采随播。出苗后，及时中耕除草、间苗、施肥。

4. 应用 槲栎木材坚硬，耐腐，纹理致密，可供家具、建筑及薪炭等用材；种子可酿酒，也可制粉条、凉皮、豆腐及酱油等，又可榨油。槲栎叶片大而肥厚，叶形奇特美观，叶色翠绿油亮、枝叶稠密，是很好的观叶树种，比较适宜浅山风景区造景。

（十四）蒙古栎

蒙古栎 (*Quercus mongolica* Fisch. ex Ledeb.)。科属：壳斗科，栎属。

1. 形态特征 落叶乔木，高可达 30 米，树皮灰褐色，纵裂。幼枝紫褐色，有棱，无毛。顶芽长卵形，微有棱，芽鳞紫褐色，有缘毛。叶片倒卵形至长倒卵形，长 7～19 厘米，宽 3～11 厘米，顶端短钝尖或短突尖，基部窄圆形或耳形，叶缘 7～10 对钝齿或粗齿，幼时沿脉有毛，后渐脱落，侧脉每边 7～11 条；叶柄长 2～8 毫米，无毛。雄花序生于新枝下部，长 5～7 厘米，花序轴近无毛；花被 6～8 裂，雄蕊通过 8～10 枚；雌花序生于新枝上端叶腋，长约 1 厘米，有花 4～5 朵，花柱短，柱头 3 裂。壳斗杯形，包着坚果 1/3～1/2，直径 1.5～1.8 厘米，高 0.8～1.5 厘米，壳斗外壁小苞片三角状卵形，呈半球形瘤状突起，密被灰白色短绒毛，伸出口部边缘呈流苏状。坚果卵形至长卵形，直径 1.3～1.8 厘米，高 2～2.3 厘米。花期 4～5 月，果期 9 月。

2. 生长习性 喜温暖湿润气候，耐寒、耐旱、耐瘠薄，不耐水湿。对土壤要求不严格，酸性、中性或石灰岩的碱性土壤上都能生长。根系发达，萌蘖性强。对环境有广泛的适应力，适应较广的土壤类型，多生长在酸性或微酸性较肥沃的暗棕色森林土和棕色森林土上。

3. 繁殖方法 多播种繁殖。种子催芽后采用垄播。

4. 应用 蒙古栎是营造水源涵养林、防风林、防火林的优良树种。可丛植、孤植或与其他树木混交成林。园林中多用作行道树或园景树，树形好的也可为孤植树供观赏用。其木材材质坚硬，耐腐力强，可供建筑、车船、枕木等用材；种子可酿酒或作饲料；树皮入药有收敛止泻及治痢疾之效。

（十五）杜仲

杜仲（*Eucommia ulmoides* Oliver.）。科属：杜仲科，杜仲属。

1. 形态特征 落叶大乔木，高可达 20 米，胸径约 50 厘米。树皮灰褐色，粗糙，内含橡胶，折断慢慢拉开有白色胶丝。嫩枝有黄褐色毛，不久变秃净，老枝有明显的皮孔。芽体卵圆形，外面发亮，红褐色，有鳞片 6～8 片，边缘有微毛。叶椭圆形、卵形或矩圆形，薄革质，长 6～15 厘米，宽 3.5～6.5 厘米。叶柄长 1～2 厘米，上面有槽，被散生长毛。花着生于当年枝基部，雄花无花被；花梗长约 3 毫米，无毛；苞片倒卵状匙形，长 6～8 毫米，顶端圆形，边缘有睫毛，早落；雄蕊长约 1 厘米，无毛，花丝长约 1 毫米，药隔突出，花粉囊细长，无退化雌蕊。雌花单生，苞片倒卵形，花梗长 8 毫米，子房无毛，1 室，扁而长，先端 2 裂，子房柄极短。翅果扁平，长椭圆形，长 3～3.5 厘米，宽 1～1.3 厘米，先端 2 裂，基部楔形，周围具薄翅。坚果位于中央，稍突起，子房柄长 2～3 毫米，与果梗相接处有关。种子扁平，线形。早春开花，秋后果实成熟。

2. 生长习性 性喜温暖湿润气候和阳光充足的环境，耐严寒，适应性强，对土壤没有严格要求，以疏松肥沃、土层深厚、排水良好的壤土最佳。杜仲树生长速度在幼年期较为缓慢，7～20 年为速生期，20 年后生长速度又渐低。多生长于海拔 300～

500 米的浅山丘陵地带、谷地、低坡的疏林，对土壤的选择不严，在瘠薄的岩石峭壁均能生长。

3. 繁殖方法　种子繁殖时宜选饱满、新鲜、有黄褐色光泽的种子，于冬季 11～12 月或春季 2～3 月，月均温达 10℃以上时可播种，满足种子萌发所需的低温条件。种子即采即播种。如春播，采种后则将种子层积处理，种子与湿沙的比例为 1∶10 左右。或者于播前，用 20℃温水浸种 2～4 天，每天换水 2～3 次，待种子露白取出，晾干后播种。条播时行距 20～25 厘米，每亩用种量 8～10 千克，播种保持土壤湿润，以利种子发芽。

杜仲也可嫩枝扦插繁殖，于春夏之交，取一年生嫩枝，剪成长 10～15 厘米的插条，插入苗床，入土深 2～3 厘米，在土温 21～25℃下，经半月余即可生根。

压条繁殖于春季选强壮无病虫枝条压环剥或刻伤后入土中，深 10 厘米左右，培土压实。经 15～30 天，刻伤部位可发生新根。深秋或次春可挖起，将萌蘖苗分割开即可定植。

嫁接繁殖时用二年生苗作砧木，选优良母本树上一年生枝作接穗，于早春切接于砧木上，成活率可高达 90％。

4. 应用　杜仲的树干通直，树形优美，叶色浓绿，叶片密集，抗性强，病虫害较少，是城市园林绿化的优良树种之一。用杜仲营造农田防护林网，可以获得经济和生态的双重效益。杜仲根系发达，固土力强，又耐干旱、耐瘠薄，具有良好的水土保持能力。因此，在浅山丘陵地带成片栽植杜仲，既能保持水土绿化荒山，又可获得可观的经济效益。

杜仲树皮入药，可降血压，并能医腰膝酸痛、风湿及习惯性流产等病症；种子含油率达 27％，可榨油；木材供建筑及家具之用。

（十六）大山樱

大山樱（*Prunus sargentii* Rehd.）。科属：蔷薇科，李属。

1. 形态特征 落叶大乔木，高可达 25 米。树皮暗棕色，有环状条纹；小枝灰褐色，幼时黄褐色，无毛。托叶早落；叶柄长 1.5～3 厘米，无毛，具两腺体；叶片卵状、椭圆形、倒卵形或倒卵状椭圆形，长 7～12 厘米，宽 3～6 厘米，基部圆形，稀浅心形或广楔形，先端尾状渐尖，边缘具尖锐重锯齿，齿尖微具刺芒，两面无毛。花 2～4 朵，花直径 3～4 厘米；花萼筒狭钟状，无毛，长约 6 毫米，萼裂片卵形，长约 5 毫米，全缘，两面无毛，花瓣倒卵形，蔷薇色，先端微凹；雄蕊多数，短于花瓣；花柱稍长于雄蕊或近等长，无毛，子房无毛。核果近球形，径约 1 厘米，黑紫色。花期 4～5 月，果期 6～7 月。

2. 生长习性 性喜光，耐阴，耐寒性强，喜湿润气候及排水良好的肥沃微酸性土壤。

3. 繁殖方法 以扦插繁殖为主，嫩枝扦插可在雨季，选取半木质化的嫩枝剪成 10～15 厘米长的小段，插条切口要平滑，将插条 20 个捆成小捆蘸生根剂泥浆。插入苗床深度为插条的 2/3 左右，毕后即浇透水，月余可生根发芽。北方碱性土壤，需要调节土壤 pH（施硫磺粉或硫酸亚铁等调节 pH6 左右）。每平方米施硫磺粉 2 克左右，同时每年测定，使 pH 不超过 7。每年施两次，以酸性肥料为好。一次是冬肥，在冬季或早春施用豆饼、鸡粪和腐熟肥料等有机肥；另一次在落花后，施用硫酸铵、硫酸亚铁、过磷酸钙等速效肥料。

4. 应用 大山樱树形美观，花大色艳，甚为美丽，秋叶变橙或红色，为樱花中的上品，是极佳的庭园观赏树。1972 年中日邦交正常化，时任日本首相田中角荣先生将大山樱树作为礼品赠与中国。田中首相赠送的大山樱树共 900 株，分别栽植于天坛公园、玉渊潭公园、北京植物园、紫竹院公园等处口。

（十七）火炬

火炬（*Rhus Typhina*）。科属：漆树科，盐肤木属。

1. 形态特征　落叶小乔木。高达 12 米。柄下芽植物。小枝密生灰色茸毛。奇数羽状复叶，小叶 19～23 枚，长椭圆状至披针形，长 5～13 厘米，缘有锯齿，先端长渐尖，基部圆形或宽楔形，上面深绿色，下面苍白色，两面有茸毛，老时脱落，叶轴无翅。圆锥花序顶生，密生茸毛，花淡绿色，雌花花柱有红色刺毛。核果深红色，密生绒毛，花柱宿存，密集成火炬状。花期 6～7 月，果期 8～9 月。

2. 生长习性　对土壤适应性强，性喜光，耐寒、耐旱、耐瘠薄、耐水湿、耐盐碱。根系发达，萌蘖能力强，根浅，生长快，寿命短。

3. 繁殖方法　种子繁殖时种子用碱水揉搓，去种皮上的蜡质。然后用温汤浸烫 5 分钟，沙埋藏，置于 20℃ 室内进行催芽，适量洒水。露芽后即可播种。播种量每亩 3.5～5 千克。将种子撒入 2 厘米的沟内，覆细土保墒。要适当喷水保湿。20 天左右基本出齐苗。

火炬侧根多，多水平延伸。选择粗度在 1 厘米以上的侧根，剪成 20 厘米长的根段，按根的极性，插在整好的圃地上。插后根段顶部覆 2～4 厘米薄土，喷水保持湿度。一般先发不定芽，破土长出新枝，然后生根成活。

火炬树周围常伴随萌发许多根蘖苗，可选留使用，培育成树形良好的壮苗。当年苗高可达 1.5～2 米，次年 3 月中旬即可移栽。火炬树一般不发生病害。播种苗及根插苗 3 年、根蘖苗 2 年胸径可达 3～5 厘米，可供造林。

4. 应用　火炬树经长期驯化对土壤适应性强，是良好的固土护坡、固沙的水土保持和薪炭林树种。

具有超强的耐寒、耐旱和耐盐碱能力，对周围环境具有极强的适应性，也是一种侵占性树种。由于火炬树用途多，适应性广，秋季叶色变红，果序亦红，为优秀的秋色叶树种，早为各国引种栽培，广泛应用于人工林营建、退化土地恢复和景观建设。

（十八）盐肤木

盐肤木（*Rhus chinensis* Mill.）。科属：槭树科，盐肤木属。

1. 形态特征　落叶小乔木，高 2～10 米；小枝棕褐色，被锈色柔毛，具圆形皮孔。奇数羽状复叶有小叶 2～6 对，纸质，边缘具粗钝锯齿，背面密被灰褐色毛，叶轴具宽的叶状翅，小叶自下而上逐渐增大，叶轴和叶柄密被锈色柔毛；小叶多形、卵形或椭圆状卵形或长圆形，长 6～12 厘米，宽 3～7 厘米，先端急尖，基部圆形，叶背粉绿色，被白粉，叶面沿中脉疏被柔毛或近无毛，叶背被锈色柔毛，脉上较密，侧脉和细脉在叶面凹陷，在叶背突起；圆锥花序宽大，多分枝，雄花序长 30～40 厘米，雌花序较短，密被锈色柔毛；苞片披针形，长约 1 毫米，被微柔毛，小苞片极小，花乳白色，花梗长约 1 毫米，被微柔毛；雄花：花萼外面被微柔毛，裂片长卵形，长约 1 毫米，边缘具细睫毛；花瓣倒卵状长圆形，长约 2 毫米，开花时外卷；雄蕊伸出，花丝线形，长约 2 毫米，无毛，花药卵形，长约 0.7 毫米；子房不育；核果球形，径 4～5 毫米，熟时红色，果核径 3～4 毫米。花期 7～9 月，果期 10～11 月。

2. 生长习性　盐肤木喜光，对气候及土壤的适应性强。在长江以南较适宜生长，豫北太行山上有零星分布。

3. 繁殖方法　常用种子繁殖或压根繁殖法。种子繁殖时，先用温水加入适量草木灰调成糊状，搓洗盐肤木种子，再用清水掺入 10 ％浓度的石灰水搅拌均匀，将种子浸泡 3～4 天后摊放在簸箕上，盖草帘，每天淋水一次，待种子"露白"可播种。播种时间在春季 3 月中旬至 4 月上旬为宜。将种子均匀撒在苗床之上，后覆盖细沙，以看不见种子为度。再用稻草盖上，然后喷水，至湿透苗床为止。苗期要加强田间管理，及时除草中耕，以保苗木健壮。

压根繁殖就是将盐肤木的老根挖出来，切成 30 厘米长的小段，将切好的根段立即栽下，根留出地面 10 厘米左右，浇水保湿。此法成活率高，生长快。

4. 应用　秋叶红色，甚美丽，为著名的秋色叶树种，成片种植时可为秋景增色，园林上多作行道树使用，也可群植、丛植、孤植。盐肤木的幼嫩茎叶可作为野生蔬菜食用；花是初秋的优质蜜源；树叶上寄生一种虫瘿，即为著名的中药五倍子，供提取单宁及药用，根可药用；种子可榨油。

第四章　南太行特有及濒危植物

一、草本类

（一）太行花

太行花（*Taihangia rupestris* var. Taihangia）。科属：蔷薇科，太行花属。

1. 形态特征　多年生草本，根系发达，主根长达 50 厘米。基生叶为单叶，卵形或椭圆形，长 20～30 厘米，宽 2～8 厘米，先端圆钝，基部常截形或圆形，稀宽楔形，边缘具有粗大钝齿或波状圆钝齿，下面几无毛或在叶脉基部有疏柔毛，有时在中部以上有 1～2 枚小裂片，花高 4～15 厘米，有 1～5 枚对生或互生的苞片，花两性或单性异株，单生于花顶端。稀 2～3 朵，花直径 2.5～4 厘米，花萼无毛，萼陀螺形，萼片 5，卵状椭圆形，白色，雄蕊多数，着生于萼边缘，花盘环状，雌蕊多数，具疏柔毛，螺旋状着生于花托上，在雄花中，雌蕊数目较少有败育；花柱长 14～16 毫米，具柔毛，仅先端无毛。瘦果长 3～4 毫米，被疏柔毛。通常 4 月底至 5 月开花，7～8 月结实。为国家二级保护植物。

2. 生长习性　太行花为耐阴植物，根系发达，喜于阴坡稀疏落叶栎林下的中性生境，最适宜生长在沟谷上部的悬崖峭壁缝隙中，或者生于峭壁下林内的岩石裸露和土层瘠薄处。一旦这种独特生境被破坏，植株将随之逐渐消失。

太行花的花朵数目较少，除两性花外，还有单性异株花。因为植株生长稀疏，又缺少传粉媒介，导致结实率很低，不易获得种子。又因为种子不能随风飘散，缺少传播种子的动物。因此，不能大量天然繁殖，一般仅在其生长地的周围很狭小的地段发现少数天然下种的幼苗。

3. 繁殖方法　可以采用种子繁殖。但因结实甚少，不可能大量采种，故需要探讨结实生物学和种子休眠及发芽的特性。据中国科学院植物研究所、北京林业大学、河北师范大学等有关专家研究，太行花有两条生殖途径，其一是有性生殖，其二是无性生殖。在北京人工栽培条件下，两种生殖方式都能正常进行。

4. 应用　太行花是古老的残遗种，尽管其经济用途尚未查明，但对于阐明蔷薇科某些类群的起源和演化问题，仍然有重要的科研价值，应加大保护力度。太行花的发现不但丰富了蔷薇科的内容，而且还可能对整个蔷薇科的分类系统产生重要的影响。

太行花耐干旱瘠薄且开花早又美观，也很可能成为一个很好的园林及边坡绿化草种。由于太行花叶片中富含黄酮，也是一种极其宝贵的药用植物。

（二）太行菊

太行菊〔*Opisthopappus taihangensis*（Ling）Shih〕。科属：菊科，太行菊属。

1. 形态特征　草本植物株高 10～15 厘米，根垂直直伸，在根头顶端发出少数（1～2 个）或稍多数的弧形弯曲斜升的茎。茎淡紫红色或褐色，被稠密或稀疏的贴伏的短柔毛。基生叶卵形、宽卵形或椭圆形，长 2.5～3.5 厘米，规则二回羽状分裂。茎叶与基生叶同形并等样分裂，但最上部的叶常羽裂。全部叶末回裂片披针形、长椭圆形或斜三角形，宽 1～2 毫米。头状花序单生枝端，或枝生 2 个头状花序。总苞浅盘状，直径约 1.5 厘米。瘦果长 1.2 毫米，有 3～5 条翅状加厚的纵肋。冠毛芒片状，4～6 个，分离或仅基部稍连合，不等大，亦不等长，全部芒片集中在瘦果背面顶端，而瘦果腹面裸露，无芒片。花果期 6～

9月。

太行菊为中国特有植物，也是国家第二批珍稀濒危保护植物，与太行花、独根草并称为三大太行山绝壁奇花。

2. 生长习性 太行菊多生长在悬崖峭壁、陡坡、裸露岩石的缝隙之中，偶有在山路路边生长。太行菊大多在石灰岩阳坡上生长，极少数在石灰岩阴坡上生长，耐贫瘠且耐旱、耐寒。太行菊分布地植物组成种类较少，乔灌木也较少，主要是草本植物，90％以上为裸露岩石。

太行菊产在南太行的山西（陵川、晋城）、河南（新乡辉县、济源、林州市茶店镇）。

3. 繁殖方法 太行菊是我国特有种，由于其生长的环境十分恶劣，其种群不易繁殖，为了扩大其种群数量，应对太行菊进行科学研究。

4. 应用 太行菊的花初开时为淡紫色，完全绽放后为白色，花的直径达4～5厘米，当秋季到来时，置身于群山峻岭中，不经意间可看到悬崖峭壁上随风摇曳、楚楚动人的白色太行菊，其花期长达3～4个月，每朵花可持续开放20天左右，具有较高的观赏价值。目前，太行菊的园林景观应用尚未真正建立，应用前景广阔。不仅如此，太行菊的花经水蒸、阴干具有清肝明目、清热润喉的药用功效。

（三）独根草

独根草（*Oresitrophe rupifraga* Bunge.）。科属：虎耳草科、独根草属。

1. 形态特征 草本植物，根茎粗厚，有鳞片；花茎无叶，无苞片，被腺毛；叶迟出，单独一片基生，具粗柄，卵状心形，有锯齿；花具短柄，排成二歧分枝的聚伞花序；萼管极短。基部与子房合生，裂片5～7，花瓣状；雄蕊10～14，着生于花萼的基部；子房上位，1室，2裂；胚珠少数，着生于2个2片的侧膜胎座上；蒴果革质，1室，有2喙。春季3月底至4中旬开花，粉红色。

2. 生长习性　耐瘠薄、耐寒、耐盐碱、耐干旱，吸收二氧化碳能力强，生长环境独特。一般生长于600～2 000米的山谷两侧的岩壁缝隙里，太行山三朵奇葩之一。独根草多分布于河南北部的新乡、焦作、安阳及山西晋城、河北省的野山坡的岩壁之上。

3. 繁殖方法　有关独根草的繁殖方法尚未见相关报道。

4. 应用　独根草除了有人工驯化栽培管理简便、药赏两用等特点，还有补肾、强筋之功效。入药可用于肾虚、腰膝冷痛、阳痿遗精、神经官能症的治疗等。

二、木本类

（一）青檀

青檀（*Pteroceltis tatarinowii* Maxim.）。科属：榆科，青檀属。

1. 形态特征　高大乔木，高可达20米或20米以上，胸径达70厘米或1米以上，树皮灰色或深灰色，不规则的长片状剥落，小枝黄绿色，疏被短柔毛，后渐脱落，皮孔明显，椭圆形或近圆形。冬芽卵形。叶纸质，宽卵形至长卵形，长3～10厘米，宽2～5厘米，先端渐尖至尾状渐尖，基部不对称，楔形、圆形或截形，边缘有不整齐的锯齿，基部三出脉，侧出的一对近直伸达叶的上部，侧脉4～6对，叶面绿，幼时被短硬毛，后脱落常残留有圆点，光滑或稍粗糙，叶背淡绿，在脉上有稀疏的或较密的短柔毛，脉腋有簇毛，其余近光滑无毛，叶柄长5～15毫米，被短柔毛。

翅果状坚果近圆形或近四方形，直径10～17毫米，黄绿色或黄褐色，翅宽，略木质，有放射线条纹，下端截形或浅心形，顶端有凹缺，果实外面无毛或多少被曲柔毛，常有不规则的皱纹，有时具耳状附属物，具宿存的花柱和花被，果梗纤细，长1～2厘米，被短柔毛。花期3～5月，果期8～10月。

2. 生长习性 阳性树种，喜光，喜钙，抗干旱、耐盐碱、耐土壤瘠薄、耐旱、耐寒，不耐水湿。根系发达，对有害气体有较强的抗性。常生于山谷溪边石灰岩山地疏林中，海拔100～1 500米。在村旁、公园有栽培。适应性较强，喜欢生于石灰岩山地，也可在砂岩、花岗岩等地生长。根系发达，常在岩石隙缝间伸展盘旋。生长速度中等，萌蘖性强，寿命长。

3. 繁殖方法 由于果熟后易脱落飞散，故此要适时采种。播种育苗，这种方法可以培育大量的幼苗，苗木的生命力强，经济寿命长，植树造林都宜采用育苗繁殖。果实由青变黄，就应及时采收。果实采回后应去翅，阴干，防潮湿，凡种壳色泽鲜艳，种仁饱满，种肉白色，均为好种。

播种前可采取催芽方法，可用温汤浸种，由于青檀种壳坚硬，因此热水浸种比冷水浸种效果更好，水温度掌握在30～40℃，每天调换温水需2～3次。

播种季节以春播为好，以条播为宜。苗床土壤保持湿润状态。播种、覆土、覆草要均匀，覆土厚度1～2厘米以内，覆草厚度以不见土为宜。发芽出土一半左右即可揭去部分覆草，发芽出土整齐后，覆草全部揭去，揭草最好在阴天或傍晚进行。种苗发育生长期间要防涝、防旱，清除杂草。

无性繁殖主要是压条法，即将青檀树细长的枝条弓形压弯，中间埋在土里，上压石块。2年后，待压在土里的部分已生根，将其砍断，成为新的植株。

4. 应用 青檀是珍贵稀少的乡土树种，树形美观，树冠球形，树皮暗灰色，片状剥落，秋叶金黄，季相分明，极具观赏价值。园林上可孤植、片植于山岭、庭院、溪边，也可作为行道树成行栽植，是不可多得的园林景观树种，青檀耐修剪，寿命长，也是优良的树桩盆景材料。青檀在园林上的应用方兴未艾，其应用前景广阔。

青檀茎皮、枝皮纤维是制造驰名国内外的书画宣纸的优质原料。其木材坚实，致密，韧性强，耐磨损，供家具、农具、绘图板及细木工用材。种子可榨油，入药去风，除湿，消肿。治诸风麻痹，痰湿流注，脚膝瘙痒，胃痛及发痧气痛。

（二）领春木

领春木（*Euptelea pleiosperma*）。科属：昆栏树科，领春木属。

1. 形态特征　为第 3 纪古老孑遗珍稀植物，落叶小乔木，植株高 5～16 米，胸径可达 28 厘米；树皮灰褐色或灰棕色，皮孔明显；叶互生，叶圆卵形或近圆形，长 5～14 厘米，宽 3～9 厘米；花两性，无花被；花柄长 1～4.5 厘米。无花被。雄蕊6～18 枚，花丝细，花开时长于花药，花药长 5 毫米，红色，顶端具 1 毫米长的附属物。4～5 月开花，翅果呈不规则的倒卵圆形，长 6～12 毫米，先端圆，一侧凹缺，成熟时棕色，果梗长 7～10 毫米；种子 1～4 枚，卵圆形、紫黑色。

2. 生长习性　为中性偏阳树种，幼树稍耐阴，随着树龄的增长，对光照的要求也逐渐增强。生于土层深厚、富含有机质的沙壤土或壤土中。多见于空气湿润、避风的沟壑、山谷或山麓的林缘，常居林冠下层。在郁闭的林冠下层，枝干多弯曲，且常有干基萌生苗而呈灌木状。种子可孕率高，结实量大，常随溪沟流水传播，更新苗木多沿溪旁缓坡地生长。

3. 繁殖方法　本种迄今为止仍处于野生状态。种子发芽率较高，由于领春木对夏季的干燥而又高温环境极不适应，所以在播种繁殖时应该避开炎热的夏季。不仅如此，还应该在原产区加强保护，辅以人工繁殖外，更要在迁地种植时给予适宜的环境条件。

4. 应用　领春木是古老的残遗植物，为典型的东亚植物区系成分的特征种，对研究植物区系、系统发育都有一定的科学意义。不仅如此，其花果成簇，红艳夺目，也不失为优良的观赏树木。领春木在园林上的应用并不常见，景观园林上的应用前景较好。

（三）山白树

山白树（*Sinowilsonia henryi* Hemsl.）。科属：金缕梅科，山白树属。

1. 形态特征　为落叶灌木或小乔木，高约 8 米，嫩枝有灰黄色星状绒毛，老枝秃净，略有皮孔。叶纸质或膜质，倒卵形，稀为椭圆形，长 10～18 厘米，宽 6～10 厘米，先端急尖，基部圆形或微心形。雄花总状花序无正常叶片，萼筒极短，雌花穗状花序长 6～8 厘米，基部有 1～2 片叶子，花序柄长 3 厘米，与花序轴均有星状绒毛。子房上位，有星毛，藏于萼筒内，花柱长 3～5 毫米，突出萼筒外。果序长 10～20 厘米，花序轴稍增厚，有不规则棱状突起，被星状绒毛。蒴果无柄，卵圆形，长 1 厘米，先端尖，被灰黄色长丝毛，宿存萼筒长 4～5 毫米，被褐色星状绒毛，与蒴果离生。种子长 8 毫米，黑色，有光泽，种脐灰白色。山白树是古老的物种，历史上其分布很广泛。

2. 生长习性　喜肥，喜水，喜光。山白树对生活环境的要求是比较严格，一旦生境被破坏或者受到强烈扰动，其种群会在该区域逐渐消失殆尽。

3. 繁殖方法　通常可用种子繁殖。播前深翻土壤，拣除杂物，作床播种，床高 10 厘米，宽 1 米，床面均匀铺厚 6 厘米的腐殖质土。播种在翌年 4 月上、中旬进行。半月后开始出苗，30 天左右苗即可出齐，此时要搭好 80 厘米高的遮荫棚，避免日灼。随后的管理同一般育苗要求，6 月上旬可进行间苗、松土、除草和施肥等，以保证植株生长旺盛。

4. 应用　山白树为中国特有种植物，具有很高的应用价值。

在园林中应用，由于山白树树干耸直，树形卵圆形，嫩叶苍翠欲滴，叶片疏密得当，果序悬垂，如一串铃铛随风飘荡，甚为美观，具有很高的观赏价值，适合用于庭院绿化和行道树。

山白树有一定耐阴能力，可营造地带性人工植物群落，又可在城市生态公益林与其他阔叶树种混交种植。鉴于山白树为国家二级保护植物，具有较高的科研和教育意义，其在校园绿化和公园栽植尤为适宜。

山白树根系发达，喜水，能耐间歇性的短期水浸，固土能力强，是营造固岸护滩林的优良树种。其木料细致，心材、边材不甚分明，纹理通直，材质坚硬，是制造家具等的优良木材，具有一定的经济价值。

(四) 暖木

暖木 (*Meliosma veitchiorum*)。科属：清风藤科，泡花树属。

1. 形态特征　大乔木，高可达 20 米，树皮灰色，不规则的薄片状脱落，幼嫩部分多被褐色长柔毛。小枝粗壮，具粗大近圆形的叶痕。奇数羽状复叶连柄长 60～90 厘米，叶轴圆柱形，基部膨大，小叶纸质，7～11 片，卵形或卵状椭圆形，长 7～15 (20) 厘米，宽 4～8 (10) 厘米，先端尖或渐尖，基部圆钝，偏斜，两面脉上常残留有柔毛，脉腋无髯毛，全缘或有粗锯齿，侧脉每边 6～12 条。圆锥花序顶生，花白色，核果近球形，直径约 1 厘米。花期 5 月，果期 8～9 月。

2. 生长习性　产于云南北部、贵州东北部、四川、河南、陕西南部、湖北、安徽南部、湖南、浙江北部。生于海拔 1 000～3 000 米湿润的密林或疏林中。

3. 繁殖方法　可以播种繁殖和扦插繁殖。

4. 应用　木材可用来建筑家具等，在园林上作行道树使用不多，但具有很高的使用前景。

参 考 文 献

北京林业大学园林系花卉教研组.1990.花卉学［M］.北京：中国林业出版社.

陈有民.1990.园林树木学.北京：中国林业出版社.

崔大方.2011.园艺植物分类学［M］.北京：中国农业大学出版社.

丁宝章，王遂义.1988.河南植物志［M］.第二册.郑州：河南科学技术出版社.

丁宝章，王遂义.1997.河南植物志［M］.第三册.郑州：河南科学技术出版社.

丁宝章，王遂义.1981.河南植物志［M］.第一册.郑州：河南人民出版社.

傅立国.1998.中国植物红皮书———稀有濒危植物［M］.第一册.北京：科学出版社.

国家环境保护局，中国科学院植物研究所.1987.中国珍稀濒危植物名录［M］.第一册.北京：科学出版社.

李若凝，王晶，程柯.2010.云台山旅游景区生态安全评价与优化对策［J］.北京林业大学学报（社会科学版），9（1）：71-75.

刘克锋，石爱平.2010.观赏园艺植物识别［M］.北京：气象出版社.

刘启慎，刘双绂.1995.太行山林业生态［M］.河南：河南科学技术出版社.

楼炉焕.2000.观赏树木学.北京：中国农业出版社.

卢炯林，王磐基.1990.河南省珍稀濒危植物［M］.开封：河南大学出版社.

祁承经.2005.树木学（南方本）［M］.第2版.北京：中国林业出版社.

宋朝枢，翟文元.1996.太行山猕猴自然保护区科学考察集［M］.北京：中国林业出版社.

唐义富 . 2013. 园艺植物识别与应用［M］. 北京：中国农业大学出版社 .

汪劲武 . 2009. 种子植物分类学［M］. 第 2 版 . 北京：高等教育出版社 .

王玲，宋红 . 2009. 园林植物识别与应用教程［M］. 北京：中国林业出版社 .

王少平，周小蓉 . 2000. 河南太行山区木犀科野生树木资源的园林应用［J］. 中国野生植物资源，19（6）：19 - 20.

王遂义，王印政 . 1990. 河南木本植物区系的研究［J］. 西北植物学报，10（4）：309 - 319.

王遂义 . 1994. 河南树木志［M］. 郑州：河南科学技术出版社 .

吴毅 . 2008. 太行山南麓森林群落景观特征与优良观赏植物遴选［D］. 中南林业科技大学环境与艺术设计学院 .

熊济华 . 1996. 观赏树木学 . 北京：中国农业出版社 .

许桂芳，简在友，姚永梅 . 2014. 野生观赏植物资源在旅游产业中的应用——以河南太行山区为例［J］. 中国林副特产，4：78 - 81.

许桂芳，李孝伟，孟丽，等 . 2006. 河南太行山区主要野生草本花卉资源［J］. 安徽农业科学，34（11）：2380 - 2381，2507.

姚连芳，刘会超，赵一鹏，等 . 2008. 河南太行山区野生珍稀濒危植物资源研究初报［J］. 中国农学通报，（5）：78 - 81.

姚连芳 . 1994. 河南太行山区野生观赏植物资源及其开发利用［J］. 中国野生植物资源，（2）：26 - 28.

园林景观植物识别与应用编委会 . 2010. 园林景观植物识别与应用 . 花卉［M］. 沈阳：辽宁科学技术出版社 .

张天麟 . 1990. 园林树木 1000 种［M］. 北京：学术书刊出版社 .

张玉兰 . 2009. 太行山猕猴自然保护区药用植物资源调查研究［J］. 湖北农业科学，48（8）：1948 - 1950.

赵世伟，张佐双 . 2004. 中国园林植物彩色应用图谱（花卉卷）［M］. 北京：中国城市出版社 .

中国科学院西北植物研究所 . 1985. 秦岭植物志［M］. 北京：科学出版社 .

中国科学院植物研究所 . 1972—1983. 中国高等植物图鉴［M］. 北京：科学出版社 .

卓丽环 . 2004. 园林树木学 . 北京：中国农业出版社 .

独根草

连翘

华北珍珠梅

杜仲

牡丹

鸡树条荚蒾

石 楠

红瑞木

紫丁香

花 椒

棣 棠

榔 榆

连香树　　　　　　　　　　流苏树

白皮松　　　　　　　　　　银　杏

黄刺玫　　　　　　　　　　胡颓子

山麻杆

皂 荚

牡 丹

太行花

猬 实

金银忍冬